欣悉我的著作系列即将在中国人民大学出版社出版，结构主义人类学理论亦将在有着悠久文明历史的中国继续获得系统的研究，对此我十分高兴。值此之际，谨祝中国的社会科学取得长足进步。

克洛德·列维－斯特劳斯
2006年1月13日
于法兰西学院社会人类学研究所

Claude Lévi-Strauss

列维-斯特劳斯文集

9 人类学讲演集

PAROLES DONNÉES

[法] 克洛德·列维-斯特劳斯/著
Claude Lévi-Strauss
张毅声 张祖建 杨珊/译

中国人民大学出版社
·北京·

Claude Lévi-Strauss

克洛德·列维－斯特劳斯

总　序

克洛德·列维-斯特劳斯为法兰西学院荣誉退休教授，法兰西科学院院士，国际著名人类学家，法国结构主义人文学术思潮的主要创始人，以及当初五位“结构主义大师”中今日唯一健在者。在素重人文科学理论的法国文化中，第二次世界大战后两大“民族思想英雄”之代表应为：存在主义哲学家萨特和结构主义人类学家列维-斯特劳斯。“列维-斯特劳斯文集”（下称“文集”）中文版在作者将届百岁高龄之际由中国人民大学出版社出版，遂具有多方面的重要意义。简言之，“文集”的出版标志着中法人文学术交流近年来的积极发展以及改革开放政策实施以来中国人文社会科学所取得的一项重要学术成果，同时也显示出中国在与世界学术接轨的实践中又前进了一大步。关于作者学术思想的主旨和意义，各位译者均在各书译后记中作了介绍。在此，我拟略谈列维-斯特劳斯学术思想在西方人文社会科学整体中所占据的位置及其对于中国人文社会科学现代化发展所可能具有的意义。

列维-斯特劳斯的学术思想在战后西方人文社会科学史上占有独特的地位，其独特性首先表现在他作为专业人类学家和作为结构主义哲学家所具有的双重身份上。在人类学界，作为理论人类学家，50 年来其专业影响力几乎无人可及。作为“结构主义哲学家”，其声势在结构主义运动兴盛期间竟可直逼萨特，甚至曾一度取而代之。实际上，他是 20 世纪六七十年代法国结构主义思潮的第一创始人，其后结构主义影响了法国甚至西方整整一代文化和学术的方向。比萨特更为重要之处则表现在，其影响不限于社会文化思潮方面，而是同时渗透到人文社会科学的各个专业领域，并已成为许多学科的重要理论和方法论的组成部分。可以说，列维-斯特劳斯的结构主义在诸相关学科领域内促成了各种多学科理论运作之交汇点，以至于以其人类学学科为中心可将其结构理论放射到许多其他相关学科中去；同时作为对传统西方哲学的批评者，其理论方法又可直接影响人文社会科学的认识论思考。

当然，列维-斯特劳斯首先是一位人类学家。在法国学术环境内，他选择了与英美人类学更宜沟通的学科词 anthropology 来代表由自己所创新的人类学—社会学新体系，在认识论上遂具有重要的革新意义。他企图赋予“结构人类学”学科的功能也就远远超过了通常人类学专业的范围。一方面，他要将结构主义方法带入传统人类学领域；而另一方面，则要通过结构人类学思想来影响整个人文社会科学的方向。作为其学术思想总称的“结构人类学”涉及众多学科领域，大致可包括：人类学、社会学、考古学、语言学、哲学、历史学、心理学、文学艺术理论（以至于文艺创作手法），以及数学等自然科学……结果，20 世纪 60 年代以来，他的学术思想不仅根本转变了世界人类学理论研究的方向，而且对上述各相关学科理论之方向均程度不等地给予了持久的影响，并随之促进了现代西方人文社会科学整体结构和方向的演变。另外，作者早年曾专修哲学，其人类学理论具有高度的哲学意义，并被现代哲学界视为战后法国代表性哲学家之一。他的哲学影响力并非如英美学界惯常所说的那样，仅限于那些曾引起争议的人生观和文化观方面，而是特别指他对现代人文社会科学整体结构进行的深刻反省和批评。后者才是列维-斯特劳斯学术理论思想的持久性价值所在。

在上述列举的诸相关学科方法论中，一般评论者都会强调作者经常谈到的语言学、精神分析学和马克思哲学对作者结构人类学和神话学研究方式所给予的重大影响。就具体的分析技术面而言，诚然如是。但是，其结构主义人类学思想的形成乃是与作者对诸相关传统学科理论方向的考察和批评紧密相连的。因此更加值得我们注意的是其学术思想形成过程中所涉及的更为深广的思想学术背景。这就是，结构人类学与20世纪处于剧烈变动中的法国三大主要人文理论学科——哲学、社会学和历史学——之间的互动关系。作者正是在与此三大学科系列的理论论辩中形成自己的结构人类学观念的。简言之，结构人类学理论批评所针对的是：哲学和神学的形而上学方向，社会学的狭义实证主义（个体经验主义）方向，以及历史学的（政治）事件史方向。所谓与哲学的论辩是指：反对现代人文社会科学继续选择德国古典哲学中的形而上学和本体论作为各科学术的共同理论基础，衍生而及相关的美学和伦理学等部门哲学传统。所谓与社会学的论辩是指：作者与法国社会学和英美人类学之间的既有继承又有批判的理论互动关系。以现代“法国社会学之父”迪尔凯姆（Emile Durkheim）为代表的“社会学”本身即传统人种志学（ethnography）、人种学（ethnology）、传统人类学（anthropology）、心理学和语言学之间百年来综合互动的产物；而作为部分地继承此法国整体主义新实证社会学传统的列维-斯特劳斯，则是在扩大的新学术环境里进一步深化了该综合互动过程。因此作者最后选用“结构人类学”作为与上述诸交叉学科相区别的新学科标称，其中蕴含着深刻的理论革新意义。所谓与历史学的论辩是指：在历史哲学和史学理论两方面作者所坚持的历史人类学立场。作者在介入法国历史学这两大时代性议题时，也就进一步使其结构人类学卷入现代人文社会科学认识论激辩之中心。前者涉及和萨特等历史哲学主流的论辩，后者涉及以年鉴派为代表的150年来有关“事件因果”和“环境结构”之间何者应为“历史性”主体的史学认识论争论。

几十年来作者的结构人类学，尽管在世界上影响深远，却也受到各方面（特别是一些美国人类学和法国社会学人士）的质疑和批评，其中一个原因似乎在于彼此对学科名称，特别是“人类学”名称的用法上的不同。一般人类学家的专业化倾向和结构人类学的“泛理论化”旨趣当然会在目标和方法两方面彼此相异。而这类表面上由于学科界定方式不同而引生的区别，却也关系到彼此在世界观和认识论方面的更为根本的差异。这一事实再次表明，列维-斯特劳斯的人类学思想触及了当代西方人文理论基础的核心领域。与萨特以世界之评判和改造为目标的“社会哲学”不同，素来远离政治议题的列维-斯特劳斯的“哲学”，乃是一种以人文社会科学理论结构调整为目的的“学术哲学”。结构主义哲学和结构人类学，正像20世纪西方各种人文学流派一样，都具有本身的优缺点和影响力消长的过程。就法国而言，所谓存在主义、结构主义、后结构主义的“相互嬗替”的历史演变，只是一种表面现象，并不足以作为评判学派本身重要性的尺度。当前中国学界更不必按照西方学术流派演变过程中的一时声誉及影响来判断其价值。本序文对以列维-斯特劳斯为首的结构主义的推崇，也不是仅以其在法国或整个西方学界中时下流行的评价为根据的，而是按照世界与中国的人文社会科学整体革新之自身需要而加以评估的。在研究和评判现代西方人文社会科学思想时，需要区分方向的可取性和结论的正确性。前者含有较长久的价值，后者往往随着社会和学术条件的变迁而不断有所改变。思想史研究者均宜于在学者具体结论性话语中体察其方向性含义，以最大限度地扩大我们的积极认知范围。今日列维-斯特劳斯学术思想的价值因此不妨按照以下四个层面来分别评定：作为世界人类学界的首席理论代表；作为结构主义运动的首席代表；作为当前人文社会科学理论现代化革新运动中的主要推动者之一；作为中国古典学术和西方理论进行学术交流中的重要方法论资源之一。

20世纪90年代以来，适逢战后法国两大思想运动“大师凋零”之会，法国学界开始了对结构主义时代进行全面回顾和反省的时期，列维-斯特劳斯本人一生的卓越学术贡献重新受到关注。自著名的《批评》杂志为其九十华诞组织专辑之后，60年代初曾将其推向前台的《精神》期刊2004年又为其组编了特刊。我们不妨将此视作列维-斯特劳斯百岁寿诞“生平回顾”纪念活动之序幕。2007年夏将在芬兰举办的第9届国际符号学大会，亦将对时届百龄的作者表达崇高的敬意。凡此种种均表明作者学术思想在国际上所享有的持久影响力。列维-斯特劳斯和结构主义的学术成就是属于全人类的，因此也将在不断扩展中的全人类思想范围内，继续参与积极的交流和演变。

作为人类文化价值平等论者，列维-斯特劳斯对中国文化思想多次表示过极高的敬意。作者主要是通过法国杰出汉学家和社会学家格拉内（Marcel Granet）的著作来了解中国社会文化思想的特质的。两人之学同出迪尔凯姆之门，均重视对文化现象进行整体论和结构化的理论分析。在2004年出版的《列维-斯特劳斯纪念文集》（L'Herne出版社，M. Izard主编）中有伊夫·古迪诺（Yves Goudineau）撰写的专文《列维-斯特劳斯，格拉内的中国，迪尔凯姆的影子：回顾亲属结构分析的资料来源》。该文谈到列维-斯特劳斯早年深受格拉内在1939年《社会学年鉴》发表的专著的影响，并分析了列维-斯特劳斯如何从格拉内的"范畴"（类别）概念发展出了自己的"结构"概念。顺便指出，该纪念文集的编者虽然收进了几十年来各国研究列维-斯特劳斯思想的概述，包括日本的和俄罗斯的，却十分遗憾地遗漏了中国的部分。西方学术界和汉学界对于中国当代西学研究之进展，了解还是十分有限的。

百年来中国学术中有关各种现代主题的研究，不论是政经法还是文史哲，在对象和目标选择方面，已经越来越接近于国际学术的共同标准，这是社会科学和自然科学全球化过程中的自然发展趋势。结构主义作为现代方法论之一，当然也已不同程度上为中国相关学术研究领域所吸纳。但是，以列维-斯特劳斯为首的法国结构主义对中国学术未来发展的主要意义却是特别与几千年来中国传统思想、学术、文化研究之现代化方法论革新的任务有关的。如我在为《国际符号学百科全书》（柏林，1999）撰写的"中国文化中的记号概念"条目和许多其他相关著述中所言，传统中国文化和思想形态具有最突出的"结构化"运作特征（特别是"二元对立"原则和程式化文化表现原则等思考和行为惯习），从而特别适合于运用结构主义符号学作为其现代分析工具之一。可以说，中国传统"文史哲艺"的"文本制作"中凸显出一种结构式运作倾向，对此，极其值得中国新一代国学现代化研究学者关注。此外，之所以说结构主义符号学是各种现代西方学术方法论中最适合中国传统学术现代化工作之需要者，乃因其有助于传统中国学术思想话语（discourse）和文本（text）系统的“重新表述”，此话语组织重组的结果无须以损及话语和文本的原初意涵为代价。反之，对于其他西方学术方法论而言，例如各种西方哲学方法论，在引入中国传统学术文化研究中时，就不可避免地会把各种相异的观点和立场一并纳入中国传统思想材料之中，从而在中西比较研究之前就已“变形”了中国传统材料的原初语义学构成。另一方面，传统中国文史哲学术话语是在前科学时代构思和编成的，其观念表达方式和功能与现代学术世界通行方式非常不同，颇难作为“现成可用的”材料对象，以供现代研究和国际交流之用。今日要想在中西学术话语之间（特别是在中国传统历史话语和现代西方理论话语之间）进行有效沟通，首须解决二者之间的“语义通分”问题。结构主义及其符号学方法论恰恰对此学术研究目的来说最为适合。而列维-斯特劳斯本人的许多符号学的和结构式的分析方法，甚至又比其他结构主义理论方法具有更直接的启示性。在结构主义研究范围内的中西对话之目的绝不限于使中国学术单方面受益而已，其效果必然是双向的。中国研究者固然首须积极学习西方学术成果，而此中西学术理论“化合”之结果其后必可再反馈至西方，以引生全球范围内下一波人类人文学术积极互动之契机。因此，“文集”的出版对于中国和世界人文社会科学方法论全面革新这一总目标而言，其意义之深远自不待言。

“文集”组译编辑完成后，承蒙中国人民大学出版社约我代为撰写一篇“文集”总序。受邀为中文版“列维-斯特劳斯文集”作序，对我来说，自然是莫大的荣幸。我本人并无人类学专业资格胜任其事，但作为当代法国符号学和结构主义学术思想史以及中西比较人文理论方法论的研究者，对此邀请确也有义不容辞之感。这倒不是由于我曾在中国最早关注和译介列维-斯特劳斯的学术思想，而是因为我个人多年来对法国人文结构主义思潮本身的高度重视。近年来，我在北京（2004）、里昂（2004）和芬兰伊马特拉（2005）连续三次符号学国际会议上力倡此意，强调在今日异见纷呈的符号学全球化事业中首应重估法国结构主义的学术价值。而列维-斯特劳斯本人正是这一人文科学方法论思潮的主要创始人和代表者。

结构主义论述用语抽象，“文集”诸译者共同努力，完成了此项难度较大的翻译工作。但在目前学术条件下，并不宜于对译名强行统一。在一段时间内，容许译者按照自己的理解来选择专有名词的译法，是合乎实际并有利于读者的。随着国内西学研究和出版事业的发展，或许可以在将来再安排有关结构主义专有名词的译名统一工作。现在，“文集”的出版终于为中国学界提供了一套全面深入了解列维-斯特劳斯结构主义思想的原始资料，作为法国结构主义的长期研究者，我对此自然极感欣慰，并在此对“文集”编辑组同仁和各卷译者表示诚挚祝贺。

李幼蒸 2005 年 12 月

国际符号学学会（IASS）副会长

中国社会科学院世界文明研究中心特约研究员

CLAUDE
LÉVI-STRAUSS
de l'Académie française
PAROLES
DONNÉES
Plon

原书封面

CLAUDE LÉVI-STRAUSS
de l'Académie française

PAROLES DONNÉES

PLON
8, rue Garancière
PARIS

原书扉页

目　录

第三部分　对神话和仪式的研究

第四部分　对社会组织和亲属关系正在进行的辩论

第五部分　氏族，世系，家宅

第六部分　附录：九份课程简述

受到身边的物品和事物的刺激时，我们脱口而出，用词激烈。但当我们事后再讲到它们的时候，口气已经变得委婉。

——圣西门

（《回忆录》结束语）

前　言

9

在法兰西学院开始执教之前的几个月，一位年长的保安人员带着我浏览各个讲演厅，让我选择一个以后讲课的地方。我选择了一个，可是他却突然制止我说：“这个讲堂不行!”看到我疑惑的样子，他解释道：“您看，这个讲演厅的设计不好：您得穿过听众走到讲台上去，上完课之后又得从听众当中穿回来。”我问：“那又怎么啦?”他以教训的眼光看着我，说：“有人会和您讲话的。”我还是坚持选择了这个讲堂。不过法兰西学院的传统的确是老师只管发话，无须听人说话或与人对话。

我得补充一下，尽管这位严厉的门卫恪守古老的传统，坚信他比学院里任何教授都更能体现法兰西学院的精神，但实际上他是一位通情达理的人。

在学院中每个人身上，都可以或多或少地看到古板的尊严伴随着自然的感情冲动，这是法兰西学院的风格。在我的首次演说之后①，他对我说，我的结束语就像他钟爱的《卡门》间奏曲的铜笛独奏，使他备受感动。我从来没有听到过这么动人的恭维话。不过他以温和坦诚的方式证明，直到这个时期，法兰西学院的教授就像音乐会上的独奏家。用一句不过分的话来说，他们就像在鸦雀无声、洗耳恭听的听众面前进行演出。

不过，从另外一方面来讲，任何人都可以在讲堂的出口拦住我谈话，可以陪着我搭乘通往社会人类学实验室的电梯。随着我们越来越多地采用讨论会的方式讲课，笼罩着学院的那种古板的气氛也逐渐有所缓和。

直到我退休为止，至少我本人的讲座课一直保持着过去的传统；这是保持法兰西学院最重要的规则的必需条件。每个科目的教授可以在他的领域内自由选择题材，但是必须严格遵循唯一的义务：每年必须选择一个新的课题。我认识的有些同事事先写好一本书或几个章节，把它们首先讲给学生。可是有些人和我一样属于临时准备，讲课的时候只靠几页提示（把几个星期或几个月的研究和思索浓缩到6～12页的纸上）。不难想象，这种讲课方式需要精力高度集中，让人精神紧张。另外，我从来不让人在课堂上录音或者实况转播我的讲座：只有在不担心我的言论事后受到追究的条件下，我才感到不受拘束，自由地思索，在捷径中迷路，建立拗口的假设，即便在我的眼里，当它们“没有抓住”我觉得飘忽不定、困惑的听众的注意力的时候，显得可疑或表达不善。知道这些可能具有实验性或不幸有误、但对我本人的思路有所帮助的话语不会永远不变地凝固在

① 由于讲稿事后变成了《结构人类学》第二卷的第一章，所以没有收入本书。

录音带上，我觉得可以更自由地放任我的思维，任其穿越所有曲折的途径，自信一旦我的思路变得清晰之后，不会有人责怪这些最初的探索。除了那些有相当数目、但我希望没人听得到的非法录音之外，我的讲座只有一次不仅上了录音，而且上了电影：1970—1971学年的第一课。当时为了帮助亚尼·拜龙（Yanick Bellon）拍摄《某地某人》（*Quelque part quelqu'un*），我们在五月加了一节课。电影的主角是一个人类学专业的学生，经过我的允许后他坐在教室里。

这本书的题目具有双重的意义。我把尚未成熟的材料抛给听众的主要理由，是我默默地保证最终会为他们提供成品。他们知道我没有浪费他们的时间和注意力来从事无聊的游戏或进行没有前途的尝试，他们在课堂上的默默无言但可以察觉的反应帮助我澄清概念，理清并发展我的思路。我希望以后出版的书籍至少是对他们帮助的回报。他们以他们的耐心或不耐烦的表情间接地对这些书籍做出了贡献。

我觉得履行了自己的诺言：我的课程是“付诸文字之前的讨论”。事实上我1960年以来的所有书籍（还有相当数目的文章）无不起始于我的讲座。对我的书籍稍微有些了解的读者都可以在这些讲稿当中发现它们的雏形。必要的时候读者还可以从这本文集许多章节的标题上得到帮助。即便没有明确地标明后来出版的书籍或文章，读者也可以发现，1973年到1974年课程的主要内容《美洲的圣杯》当中的一部分收入了《遥远的目光》一书的第十七章；1971年到1972年的课程《关于原子亲属结构的讨论》收入在同一本书的第四章，并且已经出现在《结构人类学》第二卷中的第七章。1976年到1982年之间在《氏族，世系，家宅》一般标题下公布的有些课程事后也收入了《面具之道》（1979年版，离题话Ⅱ）、《遥远的目光》（第五章、第六章），并且收入了题为《历史学与人类学》学术交流会的文集当中（《E.S.C. 年鉴》，1983 年第 6 期）。

由于受到日程表的制约，口头授课不会拖延。写成文字速度慢，会拖手脚。从一方面讲，当我即兴发挥的时候，困难往往从我最没有预料到的地方冒出来，我只有在解决这些难题之后才可以继续我的思路。两种情况下的结果都是一样。我的写作计划需要把一些课程搁置下来，一方面是让一些已经开始的书籍不至于没完没了地拖延下去，永远不得出版；另一方面我不愿意拖着听众跟我走无法避免的弯路，特别是以后发现的更好的途径可以使他们免受这种劳累。不过这些开始看来没有用处的弯路并不是完全没有意义：它们把我带到了预先从来没有准备探索的领域。

12

所以当这些讲稿问世的时候，有些课程的教材或者没有出版，或者仅仅以简述或有时隐含的方式出现在出版的书籍里。下面这些课程的教材没有出版："民族学的未来"和"豪比人的三个神"（1959—1960），"一个易洛魁人的神话"（1960—1961），"博罗罗人研究现状"（1972—1973），"吃人风俗以及礼仪上的换性乔装"（1974—1975），"口头传说的秩序与混乱"（1975—1976）。我在后面还会谈到最后提到的两门课。对于"一个易洛魁人的神话"，我有一个特别的原因，不想把它以书籍或文章的形式表达出来。我觉得这个神话的分析和评论非常适合于拍成一部电影，主角最好由印第安族演员来扮演。导演经过深思熟虑，使用不同的技术和风格手段，仅仅通过电影艺术让观众以直觉的方式捕捉结构分析的原则、过程和复杂性。不过这个计划需要我从头开始新的导演职业；自然这个计划依然是个空想。

至于其他的两门课："美洲动物寓言集概述"（1964—1965）和"雾与风"（1968—1969），《从蜂蜜到烟灰》和《餐桌礼仪的起源》

两本书的几个地方暗示到了前者［参见目录“夜鹰”、“加里巴”(guariba) 和“懒汉”］，《裸人》影射到了后者（见目录“雾与风”）。如果继续扩展下去，四卷长的《神话学》就要再增加两卷，我只好适可而止。不过我并没有忘掉这些课程。和其他没有被充分利用的文件一样，我希望以后总有一天把它们发表出来，即便没有经过认真的整理，起码也要保持它们在我的笔记中的原样，就像摊在工地上有待使用的原材料一样。

13

在1961—1962学年的“对亲属关系和婚姻的研究”和1972—1973学年的“重温埃斯迪瓦尔”两门课程中，我对利奇 (E. R. Leach)、尼德汉姆 (R. Needham)、道格拉斯 (M. Douglas)、科克 (G. S. Kirk) 等人的批评作出回答。由于没有任何胃口卷入论战，我常常不用文字来进行答复。不过有时候我觉得有必要专门开设一门课来阐明我的观点。这对那些对辩论有所了解并希望听到我的声音的听众算是一个交代，同时也是在沉默不语和引起争议的文字之间的一个方便的折中。直到如今我既不愿意书写，也不愿意阅读论战性的文章。

前面提到的两门课恰好起到了同样的作用。1955年我提出了“所有神话都可以归结到一种标准关系”的想法（《结构人类学》，252～253页），1974—1975年我用“吃人风俗以及礼仪上的换性乔装”一课来把这个理论用到实例上。之后我放弃了这种研究模式，但还是从各个方面受到指责。有人说我没有好好地解释或发展这个模式，还有人说我根本没有使用它。我这样做是不是默默地为那些认为这个模式没有意义的人提供了理由？这里实际上又是一个误解。尽管《神话学》一书中偶尔有几个地方提到了这个问题，但还是没有消除这个误解。实际上，我的模式尽管模模糊糊地显得像代数，但它并不构成计算用的算法。我的用意是把它当作一个画面或雏形：

它就像图画性的表现，以直觉的方式帮助我从思想上理清一系列的关系。一旦达到了这个目的，就不再有必要把这个图画动不动就复制出来，在未来出版的书中，本作者也没有必要每次谈到一个场景或一件东西，就得重新说明一下。尤其是在证明非平衡关系是神话变换的一个内在属性的时候，我对数百个不同的神话进行了分析，充分显示了这种关系。不过正好有一个“明确无误”的示范机会，研究吃人肉传统的课程就把它派上了用场。

14 至于 1975—1976 年研究“口头传说的秩序与混乱”的讲座内容，则是另外一种例子：我不得不绕过一些弯路，但是未来的读者可以免受这种折磨。在我看来，这门课程具有双重功能。第一，总结我过去和现在对民族学家研究神话时使用的文件的性质和质量所进行的思考。这样我就可以对利奇等人的批评作出答复：他们没有根据地指责我不事先进行考证筛选就胡乱地使用出处可疑的原始文件。这门课是一个实例，证明我从来不放过这个步骤，总是不厌其烦地提醒听众不要忽略这些事先的准备工作。第二，这门课尤其对来自加拿大不列颠哥伦比亚省的神话材料进行了这种考证。1973 年和 1974 年我去过加拿大的这个省两次。为了完成《面具之道》和其他著述（“埃斯迪瓦尔武功歌”的附言，《结构人类学》第二卷；《遥远的目光》，第十一章、十三章），我重新把注意力放到了沿海印第安部落的神话上。

本书的附录中包括我进入法兰西学院之前在高等实验研究院（第五分部：宗教科学）讲授的 9 门课的简介。实际上，我在神话学和其他课题上的许多想法都是在这里形成的。从 1950 年到 1959 年的大部分时间里我在这里任教职，在我的记忆中它们是我事业中最有成果的年份之一。

另外，研究院的好几门课变成了后来出版的书籍的前身。1951

年到 1952 年“亡灵的探访”一课的内容引发了《忧郁的热带》的第二十三章；1954 年到 1955 年的“神话与礼仪的关系”以及 1959 年到 1960 年的“狩鹰仪式”导致了《野性的思维》的第一章和第二章。1952 年到 1954 年期间进行的“美洲神话研究”引起了广泛的反响，大家试图把一系列分析方法在普韦布洛人（Pueblos）的神话上加以验证。这些方法后来运用到了 1957 年到 1958 年的“二元性及其他”的讲座当中，并且构成了《神话学》一书的起源。在所有这些材料当中，1960 年在法兰西学院讲授的“豪比人的三个神”可以说是裁缝所说的“下脚料”。 *15*

这些讲座准备工作的最积极的参与者包括让-克洛德·加尔丹（Jean-Claude Gardin）和已逝的吕西安·瑟巴格（Lucien Sebag）。加尔丹后来回到了与他的考古学旧业更相关的工作领域，瑟巴格花费了许多精力整理笔记。在他去世之后，朋友们把这些笔记整理出来，以普韦布洛印第安人的创世记（François Maspèro，巴黎，1971 年）题头出版。其他的讲座材料没有像这些发表的简述那样加以归纳。所以，我为 1960 年到 1961 年期间“辩证思维批判”讲座撰写的材料变成了《野性的思维》的第九章。最后，我还在 1957 年到 1958 年的课程上出人意料地透露了一部分我对母系社会的最新研究成果。

这些课程和讲演显现了文字与话语之间的交错关系。文字本身不会把这种关系明确地显示出来。这就是为什么我觉得有必要把这些课程和讲演的简介像它们定期出现在《法兰西学院年刊》上那样出版，我感谢行政总管伊夫·拉坡尔特（Yves Laporte）先生以及教授议会给我开的绿灯。出于同样的原因，我还要对高等实验研究院第五分部主席克洛德·塔尔蒂（Claude Tardits）先生表示感谢。

经过重新归类，这些文章可能对有意进一步研究有关书籍的读者有所帮助。当我开始在心里酝酿这些书籍的时候，我更着意于我当时觉得必须在简介中加以突出的观点，而不是事后完成的书籍可能首先强调的那些观点。另外值得指出的是，与多卷的《神话学》构成一个融洽的整体一样，《餐桌礼仪的起源》和《裸人》也是相辅相成、同时构思的：两门课与两本著作的出版顺序对应，之后的1964年到1965年是一门我前面提到过的显得有些偏离主题的课程，第四门课又回到后来在《起源》（第六部分，Ⅰ）一书中探讨的一些问题，之后的课程又重新拾起了我在两年以前在《裸人》中放下的线索。（在1960—1961学年中，我把《图腾制度》和《野性的思维》中的问题当作一个整体来研究，就好像它们是同一本书。）读者会注意到《裸人》的准备课程数目远远多出其他三本书的准备课程。原因是我在这本书上花费了多得多的功夫，准备工作需要数卷的材料。这也是唯一的一次课程没有先于成书的发表，而几乎是与后者并驾齐驱。

16

我不隐瞒这样一个事实：对于众多的读者来说这些短暂的章节会显得枯燥，因为它们过于浓缩，而且经常是过于简洁。它们缺乏圣西门所说的口头表达所具有的分量和活力。不过口头表达也有我当时无法避免的缺陷：正如圣西门继续说的那样，“由于总是被实景实物左右，我们不去注意如何表达或如何清楚地加以解释”。读者还会情有可原地抱怨他们经常找不到参照材料，可是我又能怎么办呢？出现在我的手写笔记中和卡片中的参考书目会占据同主要文字同样多的地方，使整个文字难以阅读。

尽管存在着所有这些缺陷，这本集子有一个长处：它比我写作的大部分书籍都要简短。最后，对于那些对思考过程感兴趣的读者来说，这本书是32年之久的思路的活生生的写照：思索的步骤，黑暗中的摸索，时而迂回，时而前进。32年是个人一生的一大部分，也是一代人的时光。

第一部分

研究范畴

第一章　民族学的未来

(1959—1960 学年)

在“民族学的未来”的总标题下，星期二的讲座准备在实践和理论的视角上讨论现代民族学面临的一系列根本性问题。 *19*

1. 正在消失的民族和正在脱下古老的衣服的民族

民族学会不会注定迅速变成一门没有研究对象的科学？这些研究对象的传统的来源是所谓的“原始”群落。弗雷泽（Frazer）惊呼，半个世纪以来这些群落不断地减少。在殖民地开始时，澳大利亚的土著人的数目有 25 万，目前仅仅存余 4 万到 5 万。对最近的调查的分析表明他们成为饥荒的猎物，备受挫折，尽管生活在边远的沙漠，仍然受到矿业研究开发、原子能基地以及火箭试验站的威胁。[①] 1900 年到 1950 年期间，巴西有将近 90 个部落销声匿迹，目前仅仅有 30 个而不是 100 多个部落生活在相对偏远的地区。不到 50 年的时间里 15 种语言已经一去不返。多种事例显示了传染病和贫困现象不断地扩展，整个群落有时几年之内以令人恐惧的速度消失灭绝，人口结构上发生不可逆转的变化并造成社会学上和心理上的后果。[②] 新几内亚也开始出现同样的现象。

不同国家中所谓的“原始”群落的保护立法的研究反映了这样的一种困难：用区别性特征来定义这些群落变得越来越难。我们不再能用语言、文化或群体的意识来下定义。正像国际劳工办公室的调查强调指出的那样，“土著人”的概念已经变得模糊，取而代之的是“贫瘠”的概念。[③]

但是在世界的其他地区，诸如中美洲和南美安第斯山脉地区、东南亚，特别是非洲，人口以数千万或数亿计算，并且还在不断地增长。这些国家中民族学研究可能面临的威胁还没有进行定量的统计。从定性的角度来看，情况也同样严重。原因有几个：从客观上来看，这些民族正在转型，他们的文明正在逐步向民族学长久以来就没有能力研究的西方文明靠拢。更加重要的是，从主观的角度上看，这些民族对西方人种的征服表现出愈加强烈的憎恶。所有这一切就像被研究的民族对民族学进行诅咒，使其濒临这样一种绝境：

---

① 参见 R. M. 伯恩特（R. M. Berndt）、C. H. 伯恩特（C. H. Berndt）：《瓦尔布顿、布莱克斯顿和若林森山脉的社会人类学调查》，西澳大利亚大学出版社（mimeogr.），1959 年 3 月。1961 年的再度普查显示，80 526 人称自己的单亲或双亲是本地土著人。数目自上次普查增长了一倍。

② 参见理贝罗（D. Ribeiro）：《同居与传染》，载《社会学》XVIII，1，圣保罗，1956。

③ 参见国际劳工办公室：《土著人口》，日内瓦，1953。

一些民族从地球表面上迅速消失，从肉体上逃避民族学的检验；另外一些民族尽管欣欣向荣、人口兴旺，但从道德上拒绝把自己当成民族学研究的对象。

大家对如何避免第一个危险没有什么异议：加速研究工作，利用最后仅存的几年收集信息；建立越来越细致的观察方法来补偿原始群落的锐减和对传统的毁灭；最后，保持对传统民族学未来的信心：即便在最后的“原始”部落消失之后（不过可能没有大家想象的那么快），仍然可以用大概好几百年的时间研究积攒下来的巨大数量的材料。

21

大家的分歧主要在于怎么对待第二种威胁。尤其是在美国，一些民族学家认为，如果我们帮助古老的土著社会培养它们本身的民族学家，并且让他们把我们本身当成研究对象，这些社会对民族学的敌视态度就会消失。

然而，这种“普遍化的民族学”首先会将每个文化暴露开来，使它失去本身的特性，因为每个文化将很快变成其余所有文化的扭曲的影像的堆砌。其次，这样一个概念没有考虑到古老的、被殖民化的民族拒绝民族学的背后所隐藏的冲突。这些民族担心我们试图做的，不过是把在他们看来是无法忍受的**不平等**当成所希望的**多样化**。即便是抱着最良好的愿望，我们永远也不可能让他们把我们当作他们眼里的“野人”来接受。原因是一旦我们让他们扮演这种角色，他们在我们的眼里就不复存在了；与此同时，在他们的眼里我们依然是他们当前命运的始作俑者，我们对他们来讲依然存在。

所以这样提问题会造成两个后果。如果民族学要成功地渡过危机，它不可能保持传统的方式方法并通过普遍化来达到这个目的：它必须为自己寻找一个绝对的基础。换句话说，我们可能需要把迄今为止一方面是历史和哲学，另一方面是民族学所各自占据的位置调换过来。在古老的土著社会中，民族的概念往往随着与历史和哲学的融合而倾向于消失，而地方的智者们也越来越积极地参与对历史和哲学的构思。至于民族学本身，如果它要想存活下去，就要在自己的传统位置“之内”和“之外”寻找答案。

22 “之外”有两重含义。首先是地理上的：我们需要到越来越遥远的地方寻找最后仅存的所谓的原始群落，而它们的数目正在日益减少。其次是逻辑上的含义：我们已经获得了丰富的资料，并对它们了解得越来越多，从而我们也被推向了问题的核心。

最后是所谓的“之外”，它也具有双重含义：最后的原始文明的材料基础的崩溃使得内在经历成为我们在研究对象不复存在的情况下可以使用的屈指可数的调查方法之一；与此同时，随着西方文明变得日益复杂并延伸到地球的各个角落，它大概已经在自己的内部表现出这些属于民族学研究范畴的区别性差异。从前，民族学只能通过比较彼此不同、相距遥远的文明才可以看到这些差异。

2. 多元主义和进化

在过去，多样化和不平等之间的对立提供了一个理论思考的主题。我们刚刚看到，在今天这已经不再是一个内部的辩论了，因为它本身会引起那些被我们当作研究对象的人的反抗。在表明自己是主体而不是对象的同时，他们指控所有的民族学家们联手制造神话，因为不管在辩论中的立场如何，所有民族学家都至少对辩论的意识形态性质确认无疑，但在那些被殖民化的古老的民族的眼里，这个辩论并非西方哲学的内部问题，而是我们的社会与他们的社会之间的力量关系的客观的表达。我们看到的是一种奇怪的自相矛盾：大概对大多数民族学家来说，他们接受了多样化，觉得这样就可以排除劣等社会的假设。但同样这些人现在受到指控，说他们否认这种劣等性的唯一目的是把它掩盖起来，以便更好地维持现状。

同样，一个经典问题以各种新的方式提了出来。直到如今，理论学家对民族学的处境的反应依旧十分混乱。在法国，哲学家西蒙娜·德·博瓦尔夫人（Simone Beauvoir）不知道是用多元主义还是用“普遍性之幻觉”来给所谓的“右翼思想”下定义。[①] 在美国，莱斯利·怀特（Leslie White）竭力主张民族学理论以非常传统的进化论理论形式回归到普遍主义概念。[②]

23

我们也在盘问自己有没有可能克服这个显得同样可能的两个极端之间的对立。对立的原因可能是对于首先提出进化论假设的社会科学来说，它们依旧对进化论保留一种简单化和原始的观念，与自然科学家们的观念相去甚远。然而在过去的一个世纪里，唯有自然科学家们专心地对这些问题进行了深入的研究。

对以辛普森（G. G. Simpson）的研究为代表的最新生物学成果的分析和讨论使民族学家们了解到，如今人们接受多种形式的进化，而不仅仅是一种；某些民族学家顽固坚持的那种进化形式非常接近辛普森所说的“线性”进化，在人类社会中难以核实。相反，人类社会的进化看来遵循其他两种形式：从宏观、大的时段来看，是“量子进化”；从微观、细致的观察来看，是“多样化”。后者的研究对象侧重于“村镇”，而不是民族学家所观察的“种”或“目”。总的来说，我们可以看到生物学家们对单线进化的假设越来越表示异议；从历史的角度来说，他们倾向于用“转变”而不是用以前认为是向某个方向进化的“必需的步骤”来考虑问题。

---

① 参见博瓦尔：《今日右翼思想》，CXII-CXIII及CXIV-CXV，1955。

② 参见L. A. 怀特：《人类学进化的概念》，载《进化与人类学：百年评估》，华盛顿，1959。

人类学家们需要知道，自拉马克（Lamarck）和达尔文之后，进化论理论本身已经有了进化；在其现代形式下，在他们眼里依然像是矛盾的东西实际上已经不复存在。缺乏这种理解，民族学会面临停滞不前的危险，比自然科学本身更像博物学。

24

语言学为我们提供了启示：特鲁别茨柯伊（Troubetzkoy）放弃使用整体性的和大规模的语言进化的观念来解释斯拉夫语言之间的差异，相反，他致力于发现唯一可以成为真正的科学研究对象的地方演化和语式演化；而他这样做的前提，是把演化事实放在被看成是统计事实——具体演化的趋向平均值——的历史当中，而不是把历史事实放在一个既属于意识形态、又是假设性的进化长链当中。①

我们看到这些表面上属于哲学性的思考使得某些民族学问题，尤其是那些涉及物质文化研究和民族学与经济科学之间关系的问题焕然一新。

一些陈旧的、大家认为绝对可以归档的文件需要重新打开。陶车就是一例。劳弗尔（Laufer）和福雷谢（Fréchet）的经典解决办法实际上一个属于纯粹的历史方法，另一个属于纯粹的进化论方法。运用福斯特（Foster）最新的研究成果②，我们确信劳弗尔的关于陶车起源于车轮的猜想，以及福雷谢假设的序列中的仿造特征都不大可能：发展过程并非是从固定平台到转动平台，然后是转盘，其后是简单陶车，最终发展到有操纵盘的陶车。由于人们使用可以定量的标准工具的旋转速度来区别机制陶器和手工陶器，上面所说的那些特征实际上没有什么意义。然而一些像转动平台这样非常原

① 参见 N. S. 特鲁别茨柯伊：《音位学原理》，21～24 页，巴黎，1949。

② 参见 G. M. 福斯特：《克约提派克陶模以及与陶车有关的一些问题》，载《西南人类学期刊》，15 (1)，1959。

始的工具在一定条件下都超过了这个旋转速度；所以，多条演化线路成为可能。差异间距取代了循序渐进的演化；而对演化的研究与生物学研究一样，内在机制比表面特征更加重要。 25

最近发生在经济民族学领域的讨论同样显示了多样化和进化之间之对立的人为特性。人种进化论一直断言，人类社会中出现分工和社会等级的必要和充分条件，是食品的剩余生产。它认为这个理论是该学科中得到最广泛证实的定论之一。但是这个概念被一些学者驳得体无完肤。这些学者有意无意地运用马克思批驳拉萨尔的论据，坚称剩余的概念属于文化范畴，而不是生物范畴。[①] 然而与马克思相反，他们的结论是社会结构和经济基础之间没有关系。从这里我们不是可以看到，人们以单边的方式来给一些围绕着不同轴心的现象下定义，而对这些现象的研究还远远没有结束？

美拉尼西亚和密克罗尼西亚的一些人在某些重要的节日里毁掉大量的薯蓣，而不是把它们放在经济用途上。如果紧抱着经典民族学的观点不放，我们就会顺口承认这实在是一种任意举动。但是民族学家们没有考虑到薯蓣种植的特殊之处。地理学家古鲁（Gourou）的研究表明，整个收成和种薯根茎之间的巨大的重量差异，营养价值的低下，大量的劳动，保存的困难，用一句话来概括，就是“减少的弹性”。[②] 人们总是努力尽量多地生产，希望在好年份得到足够的食物；这就导致有时候的收成多得无法消费，从而可以派上别的用场。在对经济基础和社会结构的关系进行思辨之前，民族学家应该首先研究那些从前几乎从来没有研究过的课题：劳力和全部 26

---

① 参见 K. 波拉尼（Polanyi）、C. 埃伦斯伯格（C. Arensberg）、H. 皮尔森（H. Pearson）：《早期帝国的贸易和市场》，Glencoe Ⅲ.，1957。

② 参见 P. 古鲁：《热带非洲种植的美洲食物植物》，载《地理评点》，1957。

人口之间的关系，劳动的时间，生产效率，土壤成分，种植的种类和农业生产的方式，技术，气候，等等。这并不排除在研究过程中，有意义的相应关系和差异间距会显现出来，并可能在不同的社会或不同的历史时期重新出现。我曾经专门用一节课来进行这种尝试，方法是对两个社会进行比较：在这两个社会中，薯蓣种植占有不同的位置，但它们的社会经济结构却又有许多相似之处。第一个社会是卡罗来那群岛的波拿贝人（Ponapé），第二个社会是尼日利亚的梯弗人（Tiv）。我们起码可以假定交换系统中的种种明显差异与每个社会各自的社会经济特征并不是没有关系。我们从前讨论过葛朗瑞（G. Granger）先生的观念，正如他所建议的那样，通过运用某种具体的类型学，我们有望克服结构和事件两种概念之间的表面上的对立。①

3. 文化与社会

民族学中的不平等和多样性问题实际上已经假定文化领域与社会领域之间的差异，原因是多元主义者们最注重的往往是社会事实，而进化论者们则着眼于文化现象。然而对于现代民族学思想来说，文化与社会之间的对立还远远不是一个清晰的概念。因此克鲁伯（A. L. Kroeber）最近指出，在社会学家的观念中，文化处于社会之后和之内；然而这丝毫没有影响人类学家们的思维方法：他们同样成功地把社会现象当作文化的附属或样式。怎么才可以理解这个时而把社会放在文化当中，时而把文化放在社会当中的“语言戏

① 参见G. 葛朗瑞：《人文科学中的事件与结构》，载《哲学和经济研究及对话》，1959（6）。

法”呢?[1]

涂尔干 (Durkheim) 在《社会学方法规则》一书中已经提出了这个问题。在他的书里，文化被定义为种种“存在的方式”构成的整体，它可以看成是对社会之组成部分的种种“做事的方式”的某种统一综合。这就导致了涂尔干思想的奇怪的自相矛盾：除了社会事实确实是事物的情况之外，我们必须把它们当作事物来对待。这是因为在涂尔干那里，文化的概念并不是以独立的方式定义的，所以他无法克服个人与集体之间的对立或历史观点和功能观点之间的对立。拉德克利夫-布朗更深刻地理解到，文化的概念对于民族学来说是必不可少的，因为它可以防止民族学家切断与心理学和历史之间的联系；但是在他那里，文化仅仅具有抽象的价值。

27

在现代民族学思想中，莱斯利·怀特先生是文化优先于社会的最雄辩的捍卫者。当他把文化定义为象征现象相互之间的关系构成的整体的时候，我们不得不加以赞同。[2] 然而象征主义在社会事实中所具有的地位无法与它在文化事实中的地位相比拟，因为如果文化中的一切都属于象征功能的话，社会当中就不是这样。动物社会的实例可以证明这一点。文化比社会更加触及物质，然而它比社会更具有象征性；对于人类来说，社会似乎比文化更加触及个人的存在和精神生活；由于我们可以找到没有文化的社会，但找不到没有社会的文化，所以从历史上看社会显得先于文化。尽管大家对文化和社会哪个优先依然争论不休，但我们必须承认两者的差异确实存在。

实际上所有的一切都似乎表明，在生命物的世界中，文化与社

① 参见 A. L. 克鲁伯：《人类学人格史》，载《美国人类学家》，61 (3)，1959。

② 参见 L. A. 怀特：《文化的概念》，载《美国人类学家》，61 (2)，1959。

会是对死亡问题的两个相互补充的答案：社会的作用是不让动物知28道自己会死掉，而文化则像是人类意识到自身必死无疑时作出的反应。这些程式并不是暗喻，因为动物生态学发现的事实表明，孤立的昆虫不可能在脱离社会联系的条件下生存；对于某些昆虫和鸟类来说，物种延续的心理条件是他者的存在。然而这种简化到自身的社会生活并非人类社会生活的前身，因为对人类来说，社会生活与文化辩证地表达出来，它更像是后者的对立面。在这种前提下，对蜜蜂的所谓"语言"的阐释只能得到这样的结论：蜜蜂不可能进行把能指变为所指的垂直的掉位。[①] 我们可以说，在昆虫世界中自然利用社会性来达到生物目的；在人类社会中，自然利用生物性来达到社会目的，其代价是人类神经中枢系统在结构和功能上的根本的转变。

4. 人类社会和动物社会

尽管我们可以方便地援引这种非连续性来避免任何含混不清，但现代民族学已经不可能继续心安理得地把自身彻底地隔绝于自然领域和文化领域之外了。在动物学和人类学的交界处正在形成一个模糊的边缘地带。人们开始了解到那里的现象对两个学科都同样的重要。更加深入地研究这些现象自然是当今民族学的主要任务之一。

高级哺乳动物社会生活的起源是一个长期争论不休的问题。有人说决定因素是对立之源的性别上的两形现象；其他的人则相反，主张是同一性之根基的两性共同特征。鉴于对野生猴子的研究，我们有望在这个问题上取得进展。我们吃惊地看到，在不靠手臂在树

---

① 参见 M. 林多尔（Lindauer）：《蜂群中用舞蹈方式相互理解》，载《一般和病态心理学期刊》，53，1956。

枝之间移动从而更加容易受到猛兽攻击的吼猴和恒河猴当中，没有配偶的雄性成员组成群伙来保护它们；而长臂猿和蛛猴则没有这种行为。几年以来猴类研究中心在日本进行的研究表明，在动物生活当中，学习和传授的行为可以具有比我们从前想象的重要得多的地位；不同的社会群体之间习惯差异也表现出同样的特征。从现在开始，收集到的观察整理结果已经可以显示出某些群体的"历史"；关于人类和动物共有的原始文化基础层的问题第一次得到了严肃的探讨。①

其他的研究成果与这些研究相辅相成。它们涉及鸟类鸣叫的学习过程以及某些"方言"的地方特性；涉及教育从前认为是本能行为的传授过程中的角色；涉及某些发明或固定行为的初始文化特征；最后，它们还涉及在啮齿类和灵长类动物中观察到的象征的基础形式。

以人作为起点，苏联科学家马尔科斯岩（Markosyan）、埃尔金（Elkin）和弗尔科娃（Volkova）的研究把生理或化学刺激引起的条件反射迁移到语义功能上来，并借此显示从自然到文化的过渡问题可以通过实验方法加以研究。②

这样，两个领域之间的连续性至少可以在某个层次上重新建立起来。这是因为我们不再把语言看成是完美无缺的产物，相反，可以把它看成是保障昆虫社会凝聚起来的有机中间环节的一种"松弛的"替代物。在昆虫的例子中，它简化成了食物和化学物质的循环，在鸟类那里，它建立在空间的听觉饱和的基础之上；在某些哺

① 完整书目提要：弗里希（J. E. Frisch）：《日本灵长类研究》，载《美国人类学家》，61（4），1959。

② 参见莱泽兰（G. Razran）：《苏联心理学和心理生理学》，载《行为科学》，4（1），1959。

乳动物中，它们依靠同一空间的嗅觉饱和；到了人类，这种饱和变
30 成了象征，失去了过去的物质特性，然而在新的基础上使人类得以重新建立昆虫本身早就获得的这种社会凝聚。与人类的社会凝聚形式相对立，昆虫使用纯粹的有机的手段达到这种凝聚。

5. 集体和个人

自然与文化之间的联系既要从外部加以研究，也要从内部加以研究。好几位作者认为，民族学可以通过研究梦来达到这个目的，原因是梦不仅包含个人的甚至是生物的冲动和感情，它的表达方式还具有社会属性。然而很明显，豪比族（Hopi）印第安人塔莱耶斯瓦（Don Talayesva）迄今为止整理的600个梦①与其说是透露了各自不同的特性，不如说是反映了调查对象的社会的解体过程。其他尝试的研究对象，是不同社会中典型梦幻的反复再现。它们的结论看来相当地令人失望。实际上，由于不同社会的民族学调查方式决定了不同的梦幻研究理论，被研究的各个社会的梦幻之间的差异远远没有不同社会的梦幻研究理论之间的差异来得明显。

我们研究了好几个土著社会对梦的不同的解释方法：美国中部平原的易洛魁（Iroquois）印第安人，印度奥里萨州（Orissa）的索拉人（Saora），以及澳大利亚阿恩海姆领地（Terre d'Arnhem）的摩恩金（Murngin）人。易洛魁人尤其引人注意，因为他们的释梦理论与精神分析学有相当的类同之处。在这两种情况下，对梦的阐释尽管时而采用不同的形式，都潜在地需要他人的参与。

所以我们想，精神分析学的释梦理论能够帮助我们加深理解

① 参见塔莱耶斯瓦：《豪比人的太阳》，巴黎，1959；埃根：《神话在梦里的个人用途》，载《美国民间传说协会传记和特殊系列》，第5卷，1955。

的，或许不是梦作为自然现象的客观属性，而是它在某些社会中的特别的功能：这些社会中的根本问题是与群体之间的关系，而不是与自然世界的关系。然而美国中部平原的印第安人的情况表明，与自然世界的关系本身也可以是与群体之间的、以变形的方式表现出来的关系。在那里，一切都归结于与群体的关系，不管这种关系是直接的还是通过自然世界画面的中介，希望通过梦来超越社会秩序只能是一厢情愿。罗海姆（Roheim）本人也不得不承认，尽管存在土著人的理论，澳大利亚的神话并不像梦，而且它们不可以直接用梦来解释。[①]

31

从交流理论的语言来说，梦的确显得像是一种信息，然而与话语相反，它是由接受者传播给发送者（因而他人的参与变得不可避免），而神话则是一种总是被接受的、从来没有被发送的信息（这就是为什么它具有超自然的特性）：每一个神话总是援引更早的神话。在梦与神话之间的关系的背后，我们可以窥测到神话与其不同变种之间的关系；正如豪比人的情况所显示的那样，这些变种可以是个人的，也可以是集体的。这就要求我们对结构和事件之间的关系加以更加仔细的研究。

6. 结构与事件

当美国人类学家们对米克罗尼西亚的旧日本领地进行系统研究的时候，他们惊奇地发现用来研究社会结构的传统方法不再适用了。的确，这些结构没法从纯粹共时的视角来描写。与新不列颠的那卡奈人（Nakanai）一样，不同的结构与人生的不同阶段相对应，

① 参见罗海姆：《梦中的永恒者》，纽约，1945。

时间上的一个横断面从来不可以表现统计学上的分布。[①] 在同一个时期，英国人类学家们在非洲部落尤其是阿尚迪人（Ashanti）中得到类似的发现。在阿尚迪人的社会中，根据村落、身份、社会地位和家长的年龄，家庭的结构可以是从夫居、从妻居、入居伯舅家，或者遵循这些程式的不同“配方”。[②]

32

是不是由此可以得出结论说结构与事件之间是相互对立的？实际上，在许多情况下结构的观念是双维性的：它同时涉及共时性与历时性。但是，如果有些东西在个人一生中表现得真实的话，那么把一生换成几代人，它们还是一样真实。长期以来，人们认为美国新墨西哥州的纳瓦鹤印第安人（Navajo）的婚嫁习俗毫无规律可言，因为观察的结果经常相互矛盾。同样的问题一旦放在统计学的视角之中，一个“系列”形式的模式就脱颖而出：在这种模式下，每一个家庭首先努力与尽可能多的群落结成同盟，当经历了整个循环之后，再从头开始。所以，在一个婚姻循环中，唯有第一个婚姻具有偶然性，随后的婚姻与第一个在结构上相连。[③]

当今民族学思考中的一个重要课题是价值问题，它提供了另外一个办法来帮助我们掌握集体和个人之间、永恒和变换之间的关联。对于涂尔干来说，价值的观念实在是一种矛盾，他只有通过借用既是超验又是内在的集体意识才在自己的想象中克服了这种矛盾。索绪尔是这个问题的第一个解谜人，他指出，使涂尔干如此困惑不解的价值的制约力来自这些价值的系统特征，所以这种制约力

---

① 参见 W. H. 古迪纳夫（Goodenough）：《居住规则》，载《西南人类学期刊》，12(1)，1956。

② 参见梅耶·福特斯：《社会结构》，牛津，1949。

③ 参见 M. 泽尔蒂奇（Zelditch）：《拉马赫·纳瓦鹤人的优先选择的统计学研究》，载《美国人类学》，61 (3)，1959。

与所有语法的约束力属于同一类型。但是索绪尔假设的这种系统特征依然需要进一步的证实，因为观察结果更倾向于表明，对每个人来说，他热忱坚持的那些价值在整体上经常表现出一种不连贯、相互矛盾的特征。

33

我们分析了许多最新的研究结果，它们主要包括伯兰特(Brandt)、莱德（Ladd）以及 F. 克拉克洪（F. Kluckhohn）和 C. 克拉克洪（C. Kluckhohn）的著作。① 后两个作者在设定一个公理系统（人类面临的问题数目是有限的；这些问题的答案来源于对所有可能答案的选择；所有可能答案的所有变体都存在于每个社会中）之后，把他们认为具有普遍性的问题盘点记录下来，然后把价值简化成一系列二择其一的问题。在此之后他们用一种特定的方法把每个社会中特色各异的选择重新归类，希望能够借此确定每个社会中的优势系统。

这个尝试公开地借用结构语言学方法，尽管是睿智卓识，但是不可能令人满意。把所谓的普遍性的问题清点入账受到先入为主的观念的影响，各种对立在语义的层次上加以定义；但是这个语义层次与语言学中的音素的层次没有对应；最后，15 个最有意义的对立，这个数目本身是临时得到的，根本不依照所要求的大小的顺序。更一般地来说，美国学者们的实验显得无的放矢。我们可以说他们或者把目标瞄得太低（像伯兰特和莱德着眼于个人的层次，尽管他们的研究方向不同），或者太高（像 F. 克拉克洪和 C. 克拉克洪所建议的所有社会共有的范畴的层次）。我们自己在这个领域的

① 参见伯兰特：《豪比人的伦理》，芝加哥，1959；J. 莱德：《一个道德法规的结构》，剑桥，1957；F. 克拉克洪、F. 斯特罗德贝克：《价值导向的变种》，伊文思顿，伊利诺伊州，1959；C. 克拉克洪：《价值的科学研究》，多伦多大学就职讲演，1958。

研究告诉我们，首先应该瞄准每个文化的核心，并且在每个文化中努力发掘它独有的东西：神话、礼仪、语言等；也就是说是这样一些领域，那里的种种对立既可以分离出来，又是潜意识的。

与涂尔干的信念相反，我们看到价值本身并不是社会事实，它们是对集体范畴系统造成的理智制约在个人意识中的反响的传译，它们同样还反映了个人意识对这些制约的实际反应方式。所以价值不可以简化成人们的所言或所信；它们取决于人们思维时所使用的工具的固有的制约力量。因此，问题的关键在于在每个社会中分别界定这些心理上的屏障，并将它们记录整理。如果民族学确实可以把自己定义为对不变成分的研究，那么它必须明白这种不变成分从来都不是"一目了然"的。

34

7. 民族学的独特性

在对某些对立概念逐一加以检验之后我们相信，现代民族学思想认为它们构成名副其实的矛盾实际上是一个错误。之后，我们顺理成章地提出了一系列触及民族学与其他比邻科学之间关系的问题：生物学、人口学、经济科学、社会学、心理学以及哲学。这些问题涉及对物质文化、经济生活、社会机构、神话和礼仪、心理和道德生活的研究。

这种迂回曲折的研究方法的优越之处，是至少可以把民族学研究的独特性派上用场。最近一段时间尤其在英国，人们的热门话题是人类学（也就是广泛意义上的民族学）是属于人文科学还是属于自然科学。提到拉德克利夫-布朗（A. R. Radcliffe-Brown）和埃文斯-普利查德（E. E. Evans-Pritchard）的名字，大家自然会联想到这场辩论。[①]

---

① 参见R. 弗思：《作为科学和作为艺术的社会人类学》，沃太迦大学，达尼丁，1958。

与此相反，在我们眼里人类学的区别特征是它不会让自己简化成前者或简化成后者。十分明显，历史学从一个侧面、自然科学从另外一个侧面来了解同一个现实——尽管它们试图在不同的层面上掌握这个现实。不管愿不愿意，人类学从来都没有能够成功地仅仅置身于这些层面中的某一个，或仅仅置身于某个中介层面：它覆盖一个垂直的横切面，这个横切面由于缺乏深度，它强迫人类学同时考虑所有的层面。

在这个方面，体质人类学的例子相当地说明问题。它研究的问题与人类学另一个分支社会人类学的问题显得相去甚远，然而在最近的几年中，它们的发展表现出相互融合的趋势。对于体质人类学来说，对不变成分的研究主要体现在努力把那些不具备适应价值的要素分离出来。迄今为止，大家用这些不变要素来表明某些永久性特征，用来标志不同的人种。 *35*

然而事实表明，体质人类学与社会人类学一样，都不再可以安于现状了。尽管目前对镰状贫血或镰状红血球的辩论依然十分激烈（原因是产生这种病状所需要的自发的突变非常稀少），由于它对某些类型的疟疾的相对的免疫力，我们似乎已经不再可能不加保留地运用这个特征来了解人类的种族结构。然而关键的一点在于，就在这个特征停止向我们提供久远的历史的信息的那一刻起，它的解释价值不仅在一个相对狭隘的历史范围之内得到了增长，它实际上本身就是实实在在的历史：非洲在过去两三千年中的人口流动的历史。所以在这里，持久属性从表面特征的层次上消失后，又摇身一变在机能的层次上显现出来，从而达到了同样的、消除了历史与进化之间的假对立的实用效果。同样的情况也出现在血型和稀有血红蛋白当中，许多研究证明了它们的适应价值。

这些实例和过去一年中举出的所有实例一样，它们的目的是为了表明民族学的传统问题尽管发生了转变，但是它们当中没有一个已经真正彻底地穷尽 。民族学的独特之处从来都是将自己置身于每个时代摆给人类的前沿来研究人类。当今的民族学的兴趣包括电子计算器使用的逻辑，但是随便人们怎么觉得离谱，它还是没有偏离一两个世纪之前它所沿循的路线：在那个时候，民族学相信研究某些奇怪的、异国情调的习俗可以把它引向人类认识的最遥远的边缘。作为专门探索这个不断移动的、将可能与不可能分隔开来的边缘地带的“间隙”科学，民族学将与人类同生同灭，所以从这个意义上说，它是永恒的。总而言之，它对不同的社会的兴趣（或许它还可以在相当长的时间内保持对它们的兴趣）不过是一种根本兴趣的表现形式：引发这种兴趣的，是所有那些曾经存在或有可能存在的社会。人类社会的实实在在的多样性为民族学思维提供了一个脚镫。现在就看民族学能不能借这个机会稳稳地瞄准自己的目标，在某一天失去这个支持的情况下依然保持自己的冲力。

36

第二章　图腾制度和野性思维

（1960—1961 学年）

星期二的课程的题目是当今的图腾崇拜。它的初衷是从一个重要的经典问题入手，研究民族学思想的演化方式。然而课程并没有检查新的知识是不是已经改变了提出和解决这个经典问题的方式。现在问题的核心是这个经典问题本身，因为直到此时此刻，大家还不可能就图腾崇拜这样一个社会机制的明确定义达成共识。 *37*

1. 图腾崇拜问题的发展

1920 年，冯·格奈普（Van Gennep）发表了题为《图腾问题的现状》的著作。他认为自己的书标志着一个注定要继续下去的讨论的一个阶段。作为最后一部全面研究这个问题的著作，他的书直到如今依然是必读之物；但是他错误地认为他的书是结束了对图腾崇拜问题的一切猜测的“天鹅之歌”。冯·格奈普的错觉可以理解，因为他的书是在弗雷泽出版其历史性的著作十年之后发表的。然而我们今天更清楚地了解到，就在对图腾崇拜问题的讨论沸沸扬扬的同时，分裂的迹象已经浮现出来。在弗雷泽发表其著作的同一年，格顿维泽尔（Goldenweiser）就对图腾崇拜的真实性提出了质疑；实际上，美国的民族学家们对这个概念一直不断地进行攻击，主要体现在罗维（Lowie）、克鲁伯和博厄斯（Boas）的著作当中。图腾崇拜曾一度占据着社会人类学和宗教人类学的核心，然而对它的质疑在英国也同样得到了证实：自从里弗斯（Rivers）尝试把图腾崇拜定义为具有三个组成部分（社会的、心理的和礼仪的）之后，新近的英国论文采用了一种新的定义，它不但更加谨慎、更加细腻，而且尤其更加注重图腾崇拜的形式，而不是其内容。

38

从内容的视角转移到形式的视角的始作俑者是博厄斯。他在1916年的一篇著名的文章中引进了这种对立。博厄斯在文章中显示，对图腾崇拜的讨论包含了两个不同的问题：第一个问题是人们表现他们与自然之间的关系的方式，它不属于严格意义上的图腾崇拜；第二个问题是对社会群体的命名。这些群体借用动物或植物的名称来给自己命名仅仅涉及第一个问题。剩下的才是关键问题：人们需要知道在什么时候、在什么条件下不同的社会群体出于结构上的需要必须为自己命名。博厄斯证实，进行外婚的时候命名系统是必不可少的，所以外婚看来也是图腾崇拜的先决条件。然而外婚有两种表现形式，其中的一种与命名系统并不相容：因为像爱斯基摩人那样，一些社会根据真正的谱系关系来划分不同的群体。与此相反，当社会群体是根据单亲承嗣关系以及某种模糊或传说性质的谱系原则来划分的时候，他们只有通过使用世代遗传下来的、通常从植物或动物那里借用来的区别性名称来保障他们的身份和持久性。博厄斯的研究方法尽管如此重要，但还是留下了两个悬而未决的问题：为什么社会群体喜欢使用动物和植物的名称来给自己命名？被命名的系统与命名系统之间的关系是什么？

2. 图腾崇拜的错觉

在简单地重温了图腾研究的观念的发展过程后，我们通过几个例子证明，图腾崇拜的现象十分复杂，匆忙地对它们加以系统化只能是蜻蜓点水。

39 对美国东北部的奥吉布瓦人（Ojibwa）的观察形成了几种不同的图腾崇拜理论。然而对这些社会进行的所有研究都暗示，它们所称的图腾崇拜实际上是混淆了两个相互独立的系统：第一个系统是部落的称呼系统，它不涉及任何禁忌，几乎没有任何礼仪性质；另一个系统是个人的保护神灵系统，然而这个系统对社会来讲几乎没有任何影响。

人们经常援引太平洋提科皮亚岛（Tikopia）上的居民，来证明波利尼西亚群岛上也存在图腾崇拜。但是弗思（Firth）的研究成果证明，那里的情况远远不是这么简单：如果使用经典概念来描绘它的话，我们就得承认提科皮亚的图腾崇拜不是一种，而是两种；它们与奥吉布瓦人的图腾崇拜一样构成彼此不同、相互对立的系统。

3. 澳洲唯名论

大家知道自从19世纪最后的25年以来在澳大利亚的发现在图腾崇拜的假想中扮演的角色。所以，我们兴趣十足地研究了现代澳大利亚专家们如何回答来自美国的批评。埃尔金利用更加细致的观察和分析，把图腾崇拜再进一步细分，把它逐一分成形式、意义和功能。在另一方面，他继拉德克利夫-布朗之后定义了几种不可简化的图腾类型：个人的、性的、概念的和地方的图腾崇拜，以及种种社会群体（半族、部族、分部族）的不同图腾崇拜。最后，部落图腾崇拜应该根据父系承嗣和母系承嗣，再分成两个类型。一个新的范畴包括“梦的”图腾崇拜。

埃尔金使用比他的前辈更加丰富的信息作出这些新的区分。我们尽管欣赏他的努力，但怀疑他是不是某种错觉的受害人：这种错觉认为只要把图腾崇拜破成碎块、把它分解成许许多多的形态，一旦我们再次纵观整体，图腾崇拜的真实面目便会浮现出来。这种尝试尤其危险之处在于它不允许为澳大利亚的土著社会制定一个系统分类学，而且剥夺了我们在社会组织和宗教生活的不同形式之间建立一种可理解的关系的能力。

40

4. 功能性图腾崇拜

埃尔金的前辈马林诺夫斯基和拉德克利夫-布朗从不同的方向对图腾崇拜问题进行了探讨，埃尔金的研究实际上是受到了他们的启发。

马林诺夫斯基的解释是自然的、功用性和情感性的。他声称对三个问题提供了答案：为什么图腾崇拜把动物和植物的名称派上用场？为什么它伴随着信仰和礼仪习俗？为什么在它的社会学侧面的一旁，还存在着宗教的侧面？马林诺夫斯基称，人类最主要的担忧是食物，它可以唤起各种不同的强烈的情感。由于人类从经验上证实了动物和他类似，他对动物界的“自然的”兴趣更进一步得到了加强；这也是为什么他认为有能力控制各种动物数目的增长和加倍。从社会学方面来说，它是如下事实的结果：所有仪式是巫术的鼻祖、巫术的种类的划分跟随着社会的分界。马林诺夫斯基的努力不是去解决这个问题，而是表明问题本身并不存在，或它的解决方法至少是不言而喻的。然而为了达到这个目标他把图腾崇拜从人类学中抽取了出来，把它转移到了生物学和心理学那里，从而不再有可能了解实际生活中多种多样的习惯和风俗。

拉德克利夫-布朗（Radcliffe-Brown）1929 年最初提出的图腾理论与马林诺夫斯基的理论十分类似。他尝试重新求助于涂尔干的研究方法来回答美国学派的批评，然而他把涂尔干的因果关系颠倒了过来：涂尔干认为图腾崇拜是不同的社会群体自己选择图腾标志的倾向带来的特殊结果；这些图腾标志属性神圣，并延伸到动物和植物世界——前提是没有形象的图腾也最终被看成是代表着生命物。相反，拉德克利夫-布朗坚称对待动物和植物的风俗比图腾崇拜更加普遍，而且出现得更早；所以图腾崇拜来源是存在于所有捕猎 41 社会的对待动物的习俗。普遍规则认为习俗和宗教的切分必须因循社会的切分，遵循这个规则，我们就会看到起初混沌不清的宗教态度会逐渐地分离出来。这个规则可以用来解释归结在“图腾崇拜”名下的种种不同性质的现象：它们实际上都属于对自然界的兴趣的“礼仪化”的不同式态。

这种功用概念与马林诺夫斯基的理论遇到了同样的困难：我们很难或根本不可能确定不同社会选为图腾的动物和植物的简单的实用角色，更不要提它们的经济角色。上面讨论过的提科皮亚岛例子表明，各个部落以及它们各自的图腾的优先顺序与所隐含的植物在营养价值、生产它们需要的劳动量，以及与播种和收获它们相关联的仪式的复杂性上的重要性之间并没有关联。不仅如此，我们发现在澳大利亚，当某些图腾即便不属于远离经济活动的一些巫术和病理状态的时候，它们也根本没有任何经济价值。其他的图腾则直截了当地具有消极的价值。如果我们坚持要从功用的角度来给它们定义的话，那就只能把经济和实用利益的概念从它们的内容中彻底排除掉。斯宾塞（Spencer）和吉伦（Gillen）的古老解释在这里可能更加适用，因为它们不把这些混杂的图腾看作刺激物，而是当作符号。所以我们现在要对图腾表现的理智价值进行研究。

5. 理智价值

马林诺夫斯基和拉德克利夫-布朗主要是从主观实用性的角度来试图理解图腾崇拜。弗思和福特斯（M. Fortes）等英国学者在证明功能定义解释的难处的同时，在其他的方面取得了相当的进展。选择不同种类的动物或植物的原因，是理智上知觉的、客观的类同。

42

所以，在波利尼西亚和非洲的某些地区观察到的对某些动物的偏好的原因，可能是当地人注意到这些动物与他们的神（如波利尼西亚）或与他们的祖先（非洲）有类似的地方。在泰兰西人（Tellansi）的眼里，活人和死人之间的关系类似于人与所谓的“长獠牙的”动物之间的关系。祖先和猛兽都是生性凶猛、不安定的存在物；它们威胁着人类的安全，所以人类要通过适当的仪式来遏制它们。

埃文斯-普利查德走得更远，他指出，努尔人（Nuer）依照社会模式来构想动物世界的模式。与自己的社会类似，动物也组成不同的社区，这些社区又按亲系和亲系分支再度细分。这样我们一下子就进入了暗喻的领域：人类与某些动物或植物之间的类似之处应该用暗喻的关系加以解释。当努尔人把双胞胎称作“鸟”的时候，他们并不认为双胞胎真的可以飞起来。他们这样称呼的原因来自于当地人的理论，具体地说就是在当地人看来，双胞胎与正常人之间的区别就像“高高在上”的人与“下里巴人”之间的区别一样；不过在“上层社会”里双胞胎的地位相对低下，他们的名称也来自最土气的鸟类：珠鸡和鹧鸪。所以与弗思和福特斯的理论不同，这里讲的不是总体上的类似，而是建立在不同种类的动物的基础之上的逻辑关系。

这个理智型的解释来源于有人建议称为拉德克利夫-布朗的第二个理论。他在 1951 年提出这个理论的时候，似乎并没有清楚地意识到与前面讨论过的第一个理论之间的区别。然而他的第二个理论摒弃了以前的功利性的解释。通过比较澳大利亚和美洲的一些社会结构和神话，他指出它们之间的类似之处只能有一种解释：用同样的方法提出各种抽象的问题。在美国的西北部，飞鹰和乌鸦既相互联系又相互对立，同样，在澳大利亚的某些地区雀鹰和小嘴乌鸦之间也有这种关系。这是不是表明土著人需要利用这些既有关联又相互对立的对子，来思考类似形式的社会区分呢？同样表现这种关系的可以是两种食肉的鸟类，其中一种是捕猎性的，另外一种却是吃剩残腐肉的；或者是两种居住在树上的鸟类，一种是白天活动，另一种却在夜里出游；或者是同类的但具有两种不同颜色的鸟类；最后还可以是两种有袋类动物，一种生活在地下，另外一种生活在露天。这些动物出现在图腾当中不是由于它们可以当作食物或适于某些经济或技术用途，而是由于它们可以用来表达抽象概念之间的关系。

43

拉德克利夫-布朗思想上的这种变化的来源何在？可能的解释是在他的第二个理论发表的前十年，结构语言学和人类学之间的距离接近了，它是这种现象的间接的结果。[①]

---

① 在这之后埃文斯-普利查德纠正我说，被我称作拉德克利夫-布朗的两种理论实际上同时混杂在他的思想和教材当中。然而从他出版的著作的前后顺序来看，第二种理论所占的比例越来越大。

6. 内在的图腾崇拜

令人感到奇怪的是，哲学家们首先使用了这种形式主义和逻辑性的解释。柏格森的《道德和宗教的两个来源》一书中关于图腾崇拜的章节很能说明这个问题。在柏格森看来，图腾崇拜并不是对某个社会群体与某个生物种类之间的相似关系的肯定，相反，它是各个社会群体之间通过一般性的、可以立即在动物和植物的生命中觉察到的对照来表现的对立关系。这位尚不了解民族学的哲学家的敏锐观察提出了一个问题，为了解决它，人们把柏格森的某些文字和主要来自苏人的土著人的哲学片段加以比较。与这些熟悉并从事图腾崇拜的北美印第安人一样，柏格森在间断当中看到的是生命之连续性的负面。同样出乎意料的是，拉德克利夫-布朗的另一个先驱似乎是让-雅克·卢梭。在英国商人兼翻译郎格（Long）“发现”图腾崇拜之前的50年卢梭就已经提出，最初的逻辑分类标志着从自然状态到文化状态的过渡，然而这些分类实际上是受到了在动物界和植物界中直觉地感受到的对立关系的启发。这种大胆的观点对卢梭来说并非偶然，因为通过比较《论人类不平等的起源》和《论语言的起源》这两本著作，我们可以发现它的基础是卢梭关于语言因而是思想的理论。

44

回顾前人的这些哲学思考，我们了解到，图腾崇拜或人们所称的图腾崇拜与其说是与一种可以从外部观察的、其客观事实尚未建立的异乡风情的习俗相关，不如说它是与普遍存在的思想模式相关；哲学家比民族学家处于更有利的位置来从内部而不是从外部抓住这些模式。

7. 科学和具体事物的逻辑

为了解决这些笼统地归纳在图腾崇拜标签下的复杂问题，我们需要研究观察和知识的模式。必须承认，在所有那些与自然之间的关系至关重要的文明形式当中，这些模式起着根本的作用。与人们通常的想象相反，绝大部分所谓的原始社会都掌握着极其先进的动物学和植物学知识，这些知识的系统性往往可以和现代科学相媲美。所有对社会组织、宗教生活、习俗活动和神秘思想的研究都要求我们对这些人种矿物学、人种动物学和人种植物学有相当深入的了解，然而没有人知道我们还剩下多少时间来研究它们。图腾崇拜造成的这些问题的原因尤其在于我们对土著人的话语中提到的各种植物和动物还十分生疏，然而要想确定它们需要极端的精确性。另外，如果说土著人的分门别类的方式不是经常地引起我们的困惑的话，至少这些分类方法的指导原则依然是难以捉摸的——发现它们只能通过经验。最后，图腾崇拜研究本身还遇到一个附带的问题：系统的分类必须以具体的社会为基础，然而具体社会的人口发展的某些特征往往无法预料。古老的分类可能或者不可救药地销声匿迹，或者转变成新的分类，仅仅点缀着旧的分类的特征，却无法追溯到它的起源。

45

8. 变种方法

由于我们往往无法了解实际的历史演化，对当代的、地理上相邻的形式加以比较可以使我们间接地获得结构上的系统特征。研究证实，这些形式之间有时候存在着一种转化关系。这方面的研究有两个实例。

首先是美拉尼西亚本克斯群岛（Banks）的莫塔人（Mota）。弗雷泽觉得在那里发现了图腾崇拜的一种基础因素，可能是这种习俗的起源。然而如果把莫塔人的情况与洛亚尔提群岛（Loyauté）的里弗人（Lifu），以及所罗门群岛的乌拉瓦人（Ulawa）的情况加以比较，就可以发现一方面的变化伴随着其他方面的变化。在莫塔人那里，与动物之间的关系是出生之前建立的，在里弗人那里则是在死亡之后建立的。这种对立伴随着其他方面的对立：在一个部落里诊断是集体的，另外的部落则是个人的，与此同时，相关的食物忌讳则正好调转过来。所以这些系统既相关联又相对立。

同样，澳大利亚的图腾习俗一旦排列成表，它们会显示出异常严谨的组织结构，其严谨程度使斯宾塞和吉伦惊讶不已。比方说，在一个部落里，用于活人或社会组织方面的习俗同样也出现在相邻的部落当中，但它们却用在死人或者超自然的世界上。所以我们看到的不是两个“信息”，它是通过对立的密码表达的、单一的信息。这种研究方法发明之后用在了澳大利亚的许多不同的、地理上相邻的原始部落上。在所有这些情况中，人们都无法把图腾崇拜联系到某种按优先顺序排列的现象上，不论它们是马林诺夫斯基的自然要求，或者是涂尔干所想象的社会制约。实际上，图腾崇拜更像一种编码，它的角色不在于仅仅表达某种类型的事实，而在于以一种概念工具的方式来保障把任何现象用另外一种现象的语言翻译出来。所以，图腾崇拜表现的目的，是以一种语言的方式来保障把社会事实的所有方面从一种转换到另一种，使人们得以用同样的“词汇”来表达自然界以及社会生活中的重要侧面，并持续不断地从这里跨越到那里。我们用从澳大利亚和美洲借用的实例表明，所谓的图腾崇拜信仰的某些表面上显得任意的侧面实际上与它们的环境特征相关联。

46

9. 食物忌讳和外婚

如果图腾崇拜首先表现为一个概念系统的话，接下来的问题是它为什么没有简化成表现。然而图腾崇拜不仅仅*被想着*，它同时还*被做着*。与它相伴的是规则和禁忌，尤其是食物上的忌讳和外婚的规矩。在这个方面，我们首先意识到图腾崇拜与食物忌讳之间的联系远远不像大家通常想象的那么普遍。南非布须曼（Bushmen）人没有图腾崇拜，他们的食物忌讳的规定非常细致，并遵循不同于图腾系统的限制。与此相反，加蓬的芳族（Fang）人划分成不同的图腾群体，他们各自不同的食物忌讳系统从各个方面受制于他们的图腾习俗。在别的地方，图腾忌讳远远不局限于食物。诸如在美洲和印度，图腾忌讳的种类最为混杂。

47

另一方面，当我们仔细地观察一个有限的文化地域的时候，就会发现相邻的部落之间的巨大的差异。澳大利亚北部的约克角（Cap York）半岛上有十来个部落，它们彼此之间的区别在于不同形式的、不一定伴随着食物忌讳的图腾崇拜。我们唯一可以证实的是食物忌讳与母系氏族的习俗相关；在父系氏族类型的社会里，忌讳则表现在更有包含性的社会习俗结构的层次上——在母系氏族社会里就不是这种情况。

至于食物忌讳和外婚之间的关系，研究证实这两类规则之所以时常彼此相连，主要是出于语义上的原因。在相当多的语言里，“吃饭”与“交配”往往是同一个词汇。这种等同关系解释了为什么在不同的社会里，这两类规则或者彼此相互加强或者相反。在相反的情况中，它们两者当中只要有一个得到遵循就足以保障互补关系的存在。

10. 图腾群体和功能性的种姓

同质的东西与异质的东西之间的互补关系使我们可以从一个新的角度探讨图腾群体与种姓之间的关系。由于图腾群体从功能上来说是同质的（因为这种功能是虚幻的），所以它们在结构上就应该是异质的。它们因此区别于种姓：后者在功能上是异质的，因而在结构上可以是同质的（也就是实行内婚制）。

这种对称解释了为什么在图腾系统和种姓之间存在着许多中介的形式。在美洲的许多地区，图腾群体已经具备某种专职化的雏形，这种专职化预示着种姓结构的前身。同样，在奇皮瓦人（Chippewa）那里，各个氏族之间以它们各自用来命名的动物的特征或能力来相互区别。然而尤其是在美国东南部的古老文明中，我们看到从外婚到内婚的过渡，与之相伴随的是从图腾群体向专业功能的群体的过渡。从这个角度上看，我们会注意到一个有趣的现象：在经典的种姓制度国家印度，种姓的表现形式是制造的产品倾向于取代各类动物或植物。在极端的情况下，外婚群体也可以定义为种姓：前提是承认每个有婚缘关系的外族的专长是生产特殊的、保留给其他群体使用的女性。所以这里涉及的是局限于“自然产品”的专职功能。同样的推理也可以进一步运用到那些祈求用于一般性消费的动物或植物的不断繁衍的仪式上。与此相反，种姓也是专职化的群体，然而它们是从文化活动的角度上来划分的。所以，外婚与内婚表面上的对立隐含着两类专职化之间的更加深刻的类似：第一种的基础是以自然为参照，第二种的基础则是以社会为参照。最后一点，图腾群体与功能性的种姓之间的区别在于：在前一种情况下，社会是从自然或声称从自然的模式中获得启发；在后一种情况下，社会则采纳文化的模式。

48

11. 范畴、成分、种类、名称

由于我们可以在直到目前还被看成是互不相容的形式之间建立一种转变关系，前面表明的图腾表现的概念模式特征就进一步得到了突出。在一个普遍的归类系统的根本环境下，这种模式往往把空间概念当作优先的逻辑工具。然而这并不排除选择其他层次的分类的可能，同样也不排除在某个特定的社会里从一个层次转移到另外一个层次的可能。最抽象的层次，诸如高低、强弱、大小等范畴，同样也是那些最严谨、逻辑上最简单的层次。然而同样的关系也可以采用不同的编码：比如高与低的范畴可以用对立成分（诸如天与地）的形式表现出来。同样的关系还可以在“图腾语言”中用天上的动物（比如老鹰）和地上的动物（比如狗熊）的对立形式表现出来。 *49*

在一个更加特别的层次上，系统中的各个位置的分派对象不再是群体，而是具体的个人：在几乎所有图腾类型的社会中，每个家族都保留一套与身体的某个部位或与命名的动物的某种习惯相关的名称，这些名称的用途是指定个人在种类当中的位置，就像种类本身在要素当中具有指定的位置，而要素本身在范畴当中又有指定的位置。随着等级逐渐降低，结构化的清晰度也渐渐模糊起来，然而由此产生的情形与索绪尔描写的情形并非没有关联，它表明世界上的各种语言可以根据它们的意向性和任意性的程度排列起来：一端是语法语言，另一端则是词汇语言，两者之间存在着各种各样的中介形式。对在种类层次上、使用特定概念（最终，图腾崇拜可以简化成这些概念）来进行结构化的偏好，可以用种类概念在整个概念领域中的中介位置来解释：这个领域的一端是最普遍的范畴（它们在极端的情况下可以简化成二元的对立），在另一端则是那些从理论上说无穷无尽的各种各样的专有名词。尤其特别的是，种类的概念从逻辑上讲具备着非凡的属性，原因是延伸和理解两个侧面在这个层次上得到了平衡：种类是彼此相似的个体以某种关系构成的集合，而每个个体本身又由不同的部分组成。多亏有了种类的概念，从一个整体类型转移到另外一个为其补足或与其对立的整体类型也已因而变得可能：或者是多个成分的整体，或者是一个整体的多样化。

很早以前，孔德（Comte）在他的实证哲学讲义中的第 52 课中就已经着重提到了“特性”概念工具的威力。他在课上讨论了从“拜物教”到“多神教”（要是生在当今的话，他就会把图腾崇拜归纳到那里）的过渡，并提到了上面的概念工具。现代人类学之鼻祖泰勒（Tylor）多次提到了孔德的观察，不仅如此，他还在民族学先驱之一的德布罗斯（Président de Brosses）的笔下找到了它最初的痕迹。最后，从范畴到要素、从要素到种类、从种类到专有名词或相反方向的可转换性可以帮助我们理解在处理专有名词的时候，为什么现代生物分类学运用的原则会与澳大利亚和美洲的某些部落运用的原则出奇地相似。为什么会是这样？那是因为专有名词实际上是特别的名称，专指从理论上说仅仅包含单独个体的类别；相反，甚至在我们的社会里，“个性”则以对称和相反的方式区别不同的个体，并代表着图腾群体的等同物，只不过它仅仅留给某个地位特殊的持有者。

第二部分

神话研究

第三章　生食和熟食

（1961—1962 学年）

53

星期二的课程本来的题目是：通过神话表现的从自然到文化的过渡。但为这门课作一个连贯的综述十分困难，原因有两个：第一，这门课标志着下一年开始的、持续长久的努力的开端。在这门课的第一部分，我们仅限于把术语、概念以及阐释规则准备好，而它们的意义和范围仅仅会在日后慢慢地展现出来。第二个原因尤其重要：课程中援引的许多神话需要事先把它们的故事叙述一遍；然而准备每一个神话故事需要花费超常的精力。下面是几个例子。

课堂上使用的材料大部分来自巴西中部和南部彼此相邻的印第安人部落：西南部的查科（Chaco）低地和北部的亚马逊盆地。它们包括三个主要群落：

查科低地和比邻地区的部落［奇利瓜诺人（Chiriguano），陶巴人（Toba），马塔科人（Matako），卡杜维奥人（Caduveo），等等］；巴西中部和东部的部落［格族人（Gé）以及与其有亲缘关系的群落：博罗罗人（Bororo），卡拉哈人（Karaja），卡亚波人（Cayapo），丹比拉人（Timbira），阿比纳耶人（Apinayé），谢伦特人（Sherenté）］；最后是沿海地带的图皮人（Tupi）以及亚马逊盆地的不同的图皮部落或者是"图皮化"的部落［图皮南巴人（Tupinamba），蒙都鲁库人（Mundurucu），特纳特哈拉人（Tenetehara），图库纳人（Tukuna）］。

这些采集的神话故事直接或间接地涉及火或者是烹调的发明。在土著人的思维当中，这个发明象征着从自然到文化的过渡。我们的出发点是由阿尔比塞蒂（Albisetti）和高尔巴契尼（Colbacchini）采集并发表的博罗罗人的一组神话。可以看到每个表现同一个主题的神话都是一个变种。我们把这些变种沿着不同的轴线加以分门别类，然后再在格族人的神话思维以及图皮人的神话思维中寻找它们的对应物。

54

可以看到，所有这些神话都隶属于同一个法则，法则包含的各个项次尽管需要具有定性的属性并接近实际经历，同样也构成实际生活的概念工具；它们既可以依照兼容性和非兼容性的逻辑规则，又可以根据民族学观察到的不同群落之间的文化差异来把有意义的属性（与某个群体）结合起来或分隔开来。

确实，我们调查的所有神话都与食物烹调的起源相关联；它们同样也都把这种进食方式与其他种类的进食方式相对立：一方面是吃新鲜肉的食肉动物的进食方式，另一方面是吃腐肉的秃鹰一类的动物的进食方式。有一些神话甚至直接或间接地提到第四种饮食方式：同类相食，它们时而被看作是陆地的（诸如吃人怪兽），时而被看作是水生的（比如吃人鱼）。

所以，在所有情况下都可以看到一种双重的对立：一个是生与熟的对立，另一个则是新鲜与腐烂的对立。建立在生与熟之上的轴线标志着向文化的过渡；建立在新鲜与腐烂之上的轴线则标志着向自然的回归，原因是烹调使生的东西完成向文化的转化，腐烂过程则帮助完成向自然的转化。

研究表明，在这组神话里，图皮人的神话表现出最完全的转化：烧煮从前是秃鹰掌握的秘密，但它们现在沦落到以腐肉为食；烧煮与腐肉之间存在着一种永久的对立。格族人则把这种对立转移到烧煮和茹毛饮血之间：美洲豹，火种的第一个主人未来的命运是吃生肉。在这个系统当中，博罗罗人的神话似乎在上面提到的两个极端之间犹豫不决。不仅如此，它们从作为征服者的人的也就是文化的视角出发，而格族人和图皮人的神话（两者因而彼此关联）采用的则是从被剥夺了火种的动物的因而是自然的视角出发。

第四章　从蜂蜜到烟灰

(1962—1963 学年)

55　上一年的“通过神话表现的从自然到文化的过渡”一课涉及的一大堆问题如此之复杂，我们不得不在第二年利用星期一和星期二两门课来专门研究它们。即便如此我们还是没有能够把问题彻底解决，所以这一年的课程继续上一年的课程，并且应该延续到 1963—1964 学年。

上一年的课程表明，在巴西中部的神话当中，从自然到文化的过渡的问题往往通过发明、发现或获取做饭的火种的故事表现出来。这个神话主题在中部和东部的格族人中尤其得到了充分的表现，而且一直向西南延伸到博罗罗人的部落，并沿途在社会和技术双重因素的影响下逐渐变形。比方说，格族人关于火种的神话到了博罗罗人那里变成了关于水的神话。与此同时，神话中反映的社会结构也发生了同样的变形：格族人的神话里强调的内兄内弟之间的冲突到了博罗罗人那里变成了父亲和儿子之间的冲突。今年我们开始了解到第二种转化的社会根基：在博罗罗人的社会里，母系氏族制和从妻居的传统的高度系统化造成了这种结果。确实，如果说丈夫和女方的兄弟不论哪种承嗣模式下都会是盟友的话，那么这只能出现在母系权利占主导地位、作为内兄内弟之间的关系高于父子关系的社会里。 56

在这个前提下，我们着手研究了在美洲热带广泛流行的第二组神话。它们讲的是猎物尤其是野猪的起源。在当地人的思维当中，这些动物是猎物当中的高档食品，因为肉是烹调的首要的材料。所以从逻辑的角度上来说，这些关于它们的起源的神话可以看成是与关于家庭灶炉起源的神话相辅相成的：后者讲的是烧煮的方法，前者讲的是烧煮的原材料。正如我们已经表明的那样，既然所有这些起源于肉的神话都涉及同盟之间的关系，我们就面临一个有趣的研究课题：在与前面提到的类似的转变的代价下，我们是不是也可以在博罗罗人那里发现类似的神话，只不过它们隐藏在掩盖着真相的面具的背后？这些神话确实存在，而它们到了博罗罗人那里都经历了如下的转变：同样的关于厨灶的起源的神话保存了下来，只不过是从火变成了水，而关于肉的神话则变成了关于文化财产的神话。在头一种情况下是处于厨灶**之内**的粗糙自然的物质；在另外一种情况下是在厨灶**之外**的、技术上的和文化范畴的活动。

在格族人关于食用肉的神话中，我们发现烟草和烟草产生的烟雾以不同的形式介入到人到野兽的转变过程当中。它们扮演着实施者的角色。由马丁德南特（Martin de Nantes）在 17 世纪末收集出版的、从前与格族人相邻的加里里印第安人（Cariri）的著名的神话表明了这个表面上看来无关紧要的细节的关键作用。然而在博罗罗人相对称的、关于文化财产的神话当中，同样的然而以消极的方式表现出来的角色转移到了蜂蜜上。所以我们看到的是一个整体系统，有关做饭用火的神话（有时候是以相反形式表现出来的关于水的起源的神话）构成了系统的中轴。在这个中轴的两端是两组相互对称的、彼此相反的神话，一组神话讲的是食用肉的起源，另外一组讲的是首饰和装饰物的起源。以积极或消极方式介入每组神话的，是烟草或蜂蜜。

57

如果这里涉及的是一个系统客观的结构，我们就应该能够通过关于肉的神话的转化重新找到关于蜂蜜的神话，通过关于文化财产的转化重新找到关于烟草的神话。在这个条件下，仅仅在这个条件下，我们调查的神话的整体就构成了一个封闭的系统。所以从本质上来说，我们今年的课程的研究核心就是关于蜂蜜和关于烟草的彼此平行的神话。对蜂蜜和烟草在热带美洲印第安人的经济、社会和宗教生活中的地位的简短的调查又进一步把我们推向这个方向；它提供的指导性的假设可以完美地解释关于这两种物质的神话与作为我们的出发点的、关于厨房用火的神话之间的关联。的确，就像我们已经证明的那样，在厨房用火的神话的“两侧”是关于食用肉的起源的神话和关于文化财产的神话，它们的出现可以这样加以解释：肉是文化活动的条件，装饰物是文化活动的结果；现在我们同样可以看到，烟草和蜂蜜与厨房之间的关系也属于同样的类型。蜂蜜处在厨房的这边，因为它需要新鲜的或在自然发酵之后食用；与此对应，烟草处在厨房之外，因为它不仅需要在太阳下晒干，而且还必须在点燃之后才可以消费。在南美洲，或许前面说到的蜂蜜的两种消费方式与烟草的不同的消费方式相对应：烟草既可以点燃后吸入，又可以煮好喝下。由此产生的是一个新的假想：我们可以在系统的两个终端发现关于蜂蜜和关于烟草的神话；这些神话本身可以根据它们与哪种消费方式相关来分成两组加以分析，把它们联系起来的关系就显得像是某种交错配列法（chiasme）。 *58*

在源于蜂蜜的神话当中，尤其是那些在巴西北部频繁见到的有关蜂蜜节日的神话证明，正如前面的假设所预期的那样，源于蜂蜜的神话重建了源于厨灶的神话的框架，其代价是把某些成分颠倒过来。发酵的蜂蜜的用途是准备蜂蜜水，蜂蜜水的使用在巴西南部和阿根廷北部非常广泛，这种情况造成了一个更加细微的问题：这些神话仅仅到最近才被分离开来。主要利用来自查科省的资料，我们建立了一组神话，它们的特征是主人公是一个酷爱蜂蜜的、肥胖无比的女人。这组神话逐渐地得以扩大，容纳了格族人神话的某些成分，并最终延伸到圭亚那。

在这样获得了蜂蜜的神话系统之后，我们研究了关于烟草的神话。与假设相符，它们也分成了两组。源于抽的烟草的神话主要流行在东部，尤其是南部，从巴西中部的博罗罗人一直延伸到查科人。这些神话重建了源于厨灶用火的神话框架，如同最初从格族人那里采集到的神话的最简单的状态。确实，这些神话中同样讲的是掏鸟窝者和美洲豹；然而在前一种情况中，人类主人公从美洲豹那里以私家厨灶的形式获得了烧煮的手段；在这里，美洲豹本身沦落成了毁灭者的火的燃料（厨房用火的倒置），从而使烟草得以从它的灰烬中诞生。

圭亚那的情况则更是不同。在那里，源于烟草的神话主要唤起它在萨满教入门仪式中的迷醉和催吐的功能，而且这些神话间接地受到了处于发酵饮料的对称位置上空缺的蜂蜜水的影响。所以正像开始假设的那样，有两种关于蜂蜜的神话、两种关于烟草的神话。

最后的一个步骤是努力发现重建的整体具有哪些不变特征。我们可以在三个层次上发现它们。首先，就像厨房那样，它们涉及的 *59*

是从自然到文化的过渡。然而这种关系的方向会根据蜂蜜或烟草的主题而颠倒过来。蜂蜜以及它的寻找和消费方式构成了显现于文化当中的自然。与此相反，作为与超自然世界的交流手段并用来呼唤灵魂的烟草，则与显现于自然当中的文化相对应。这种对立同样也出现在做饭方面，因为至少在南美洲，无刺蜂（mélipones）蜂蜜味道太重，有时候还具有毒性，所以食用之前需要“掺水”，同样，烟草也需要“点燃”才可以消费。其次，我们发现所有神话都对季节的变化十分重视，比如说，如果考虑到气候的差异和相关的经济活动中的差异，查科地区和圭亚那的神话之间的某些区别就可以得到解释。然而最明显的、无可争议的类同之处表现在它们在声响方面的讲究。

我们现在又回到了上一年提出的一个问题：研究显示，源于厨灶的神话给予以前被称作“哑巴的举动”和“聋子的举动”十分重要的地位。作为天与地、自然与文化、生命和死亡之间的关系的中介，厨灶里必须保持安静。印第安人在日食和月食出现的时候举行喧闹的仪式；在更加受到局限的欧洲的民俗传统中，不合体统的姻缘会遭到邻居喧嚷的嘲弄[①]。对两者的比较显示，神话的思维把这些情况当成同一类型。

这项研究进一步扩大，把更加复杂的、不同的噪音模式的对立关系包括到这种双元框架当中。于是新的关联又得以建立起来：一方面是蜂蜜、蜜蜂做窝的空心树干、准备蜂蜜水用的料槽和鼓之间的关联；另一方面是烟草与神话中与之相连的葫芦拨浪鼓之间的关联，因为它们在呼唤灵魂的过程中缺一不可。然而，如果说所有这

60

① 喧嚷的嘲弄：charivari，中世纪的一种传统，邻居们敲锅敲碗，制造噪音，以示嘲弄。——译者注

些源于蜂蜜的神话都使人想到饥荒年代或粮食主要来自野生产物的干旱季节的话，不同寻常的地方是响板、刺耳的响鼓和发出嘎嘎声音的器具在神话中占据的突出位置。这些乐器在南美洲音乐史中或者不见经传，或者仅仅一笔带过，所以在一般情况下鲜为人知。然而这些器具在欧洲的传统中却广为人知，或许在基督教盛行之前(因为中国也有这些器具）它们就与某种危机年代相关联，在这些年代中，厨灶中没有烟火，口粮极其稀少（“黑暗的器具”)。这样，在时间与空间上相距甚远的神话当中，从自然到文化的象征性表现，或者是偶尔由仪式强加的、从后者到前者的暂时的倒退，都享用着一种类似“音响编码”的系统。它构成所有这些神话的共同基点。

第五章　餐桌礼仪的起源（一）

（1963—1964 学年）

61　继续两年前的研究，周一和周二的课程计划从事三个方面的研究。

从纯粹的地理学角度上讲，以前对南美洲神话的研究阐明了某些神话模式。追寻到北美洲，我们发现它们已经改头换面，接下来的任务是解释这个改头换面的过程。

然而在从南半球转移到北半球的同时，其他的差异又表现了出来，在神话的框架保持原样的情况下，这些差异的意义尤其深远。从前研究的神话讲究高与低、天与地、太阳和人等空间上的对立，而南美洲可以用来进行半球比较的最佳样品更侧重慢与快、时间的相同与不同、白日和黑夜等时间上的对立。

第三点，今年研究的神话从所谓的文学角度上来说与别的神话不同：故事采用的文体和构造方式不同。它们不像别的神话那样结构严谨，更像“插曲”或片段。这些片段就像是从一个模子里刻出来的那样，然而乍一看来，我们没法解释它们不多不少恰好是这个数目。

在仔细地研究了从生活在索里莫斯河（Solimões）沿岸，也就是亚马逊河中游地带的图库纳印第安人采集到的一个属于这种类型的神话之后，我们察觉到一个片段系列并不像从前想象的那么一致。这个系列所借用的系统的属性超出了从前制定的形式范围。这个故事系列似乎是其他神话的各种变形可能具有的极限值，然而在各个变形的承接过程中，它们的结构特色就会随着渐渐远离它们起初的民族学参照而逐步地淡化；最后剩下来的仅仅是一个模糊的轮廓，其唯一能力是自我复制某些次数，而不是无限地复制下去。 *62*

从版本到版本的复制所以显得像是一个奄奄一息的结构的最后的呻吟，原始故事的结构越来越弱。让我们暂时忘却美洲，思考一下我们自己的文明中的类似的现象，尤其是“连载小说”和故事连续集（比如，侦探小说里总是一个主人公、同样的主要角色，以及同样的戏剧框架），在我们的文化中它们看来是与神话非常接近的文学体裁。我们在想是不是可以通过这个途径抓住神话体裁和传奇故事体裁之间的根本联系，并且发现从一者过渡到另外一者的实例。

言归正传。我们看到，从图库纳印第安人取样的神话中有这样一个片段：一个被切成碎块的妇人的一部分黏在她的丈夫的背上存活了下来。这个片段既不可能用语段链条来加以解释，也不可以用南美洲的神话整体来阐明，只能通过从北美洲神话中抽取出来的范式系统来加以解释。所以地理上的移动基本上是迫不得已，剩下的是从理论上来证明它。

然而北方平原的神话把“黏着的妇人”和青蛙等同起来，仅仅这个事实本身就丰富了我们上一年对热带美洲神话进行的研究。在后一组神话中，女主人公就是一只青蛙。在这个新的背景下重新着手进行和发展的分析研究可以取得更多的成果。确实，它们已经确凿地证实普遍性的解释是名正言顺的研究方法。因为事实变得十分明显，这组神话中的所有成员不论它们彼此相距多远、不论来源是南美洲还是北美洲，都可以同化成他方的变种，但唯一的前提条件是遵循一种可以说是修辞性质的转变的规则：“黏着的妇人”在它的字面意义上不过是一个女性人物，我们本身也在俗语当中称之为“黏人的女子”。来自遥远的、非常不同的民族的神话印证了我们自己的俗语中的形象的措辞方式；这种远距离的印证在我们看来似乎是人种志的证明方式，类似于哲学需要通过其他归纳形式达到的证明方式。

63

与此同时，与前面的神话人物对称的、经常与之形影不离的另一个神话人物的逻辑功能和语义位置也得到了确定：这回是男人，而不再是女人；我们要远离他，而不是靠近他；然而做到这点谈何容易！这里面可以说是机关暗伏，因为男主人公可以借用自己巨大无比的阳具来解决距离遥远的问题。

在这样解决了图库纳人神话的最后一个片段提出的问题之后，我们的注意力放到了同一个神话的另一个同样晦涩的片段：这里讲的是独木舟上的旅行，然而帮助我们了解到它的含义的是圭亚那的一些神话，它们表明独木舟上的乘客实际上是太阳和月亮，它们的角色分别是舵手和桨手，这些角色使它们既感到彼此接近（在同一条船上），又彼此分离（一个在后，一个在前）：保持恰好的距离，两个天体为了保障规则的日夜交替就必须这样；日与夜本身在春分和秋分的那一天也必须这样。

刚才的示范与美国期刊首次发表的关于危地马拉提卡尔（Tikal）的新发现正好赶在了一起：骨头上的雕刻。在那里，我们透过玛雅艺术家的手笔认出了一个我们恰好在努力澄清其根本角色的神话主题。这样，我们得以把对这些考古文物的最初的解释更往前推进了一步；它出现在一个重要的神职人员的墓中的事实本身，既证明了我们提请大家注意的神话主题的重要性，又同时说明了它的广泛的地理分布。 *64*

我们因此得以迈出新的一步。事实上，我们成功地证明了亚马逊地区的一个神话一方面与青蛙—妻子相关联，另一方面与两个体现为天体的男性人物相关联；最后，通过把来自南美洲和北美洲的神话归拢到一个整体当中，"黏着的妇人"的主题可以并且应该参照青蛙来加以解释。

然而有的时候，甚至在我们刚刚提到的北美洲的北部平原和密苏里北部盆地等地区，某些与著名的所谓"星星丈夫"的循环相关的神话明白无误地把所有这些主题平行排列在这样一个故事里：太阳和月亮兄弟俩在寻找理想的妻子路上争吵人类和青蛙各自的美德。

在重温并讨论了美国著名的神话收集家汤普森（M. S. Thompson）对这个故事的阐释之后，我们提出了不同的解释的理由：与其说它是一个地方的和晚期的版本，我们看到的是这个神话的所有已知情节安排的整体转变。这个神话的分布范围如此之广，从加拿大东部延伸到阿拉斯加，从哈德森湾延伸到墨西哥湾沿岸。

通过研究太阳和月亮之间争吵的神话的所有十几个版本，我们得以展示神话时常明确无误地以其为依据的、某种"等分线"类型的公理系统，并因此得以把开始时局限于南美洲的、神话中有关从空间轴心到时间轴心之过渡的研究所提出的各个假设连为一体。不过我们同样发现这种过渡比简单的轴心转换要来得复杂。这是因为

时间轴的两端并不以“端点”的形式表现出来：构成它们的是根据
65 其持续时间的长短而彼此对立的不同的“间隔”，这样，这些间隔本身已经是一种系统，它们由彼此接近或疏远的端点之间的关系组成。与前几年研究的神话相比，这些新的神话表现出了更加复杂的特征。它们不仅包含终端之间的关系，还包含关系之间的关系。

为了对原始思维进行结构性的研究，我们认识到使用不同类型的模式实在是必不可少。然而这些模式之间有时候会存在着某种沟通渠道，它们显示出来的彼此之间的差异可以根据其特别的内容而加以阐释。从这个角度上来说，沟通渠道出现在天文学的层次上：与生命中的现象和技术经济活动比较起来结构极其严谨、周期极端漫长（因为它们随着季节变化）的星座，开始让位于单个的天体——诸如太阳或月亮，后者的白昼与夜晚的交替表现了另外一种周期：无论在什么季节，它都是相对地短暂和规则。这个周期通过自己的系列的特征与包容它的周期形成了对照，不再像后者那样千篇一律、单调无味。

因此从今年年初开始，在准备扩大研究领域、开始涉足北美洲的神话的同时，我们就已经获得了积极的成果，得以把整个一组神话从基础和形式上归拢起来，并向大家展示传奇文体可以通过种种途径从神话中产生出来。尽管这种新的文体讲究形式，与神话内容上的转化息息相关。

第六章　裸人（一）

（1965—1966 学年）

周一和周二的讲座使我们能够开始对已经进行了好几年的研究加以收尾。在提取出南美洲所有民族所共有的几个神话结构之后，我们又在北美洲重新发现了它们，当然了，它们的形式已经随着历史和每个部落的环境而发生了变化。初步的尤其是1963年到1964年进行的调查证明我们的努力没有白费。不过还需要直截了当地研究这个问题。 *66*

当我们不得不把研究转移到一个乍一看来与热带美洲没有丝毫共同之处的地区的时候，问题变得复杂起来。一些属于萨利希（Salish）和萨哈普廷（Sahaptin）语族的部落的神话与我们先前从其中提取到主题价值的南美洲的神话有着惊人的类似之处。然而萨利希人和萨哈普廷人居住在落基山脉西部、北纬 40 度到 55 度之间的地带。与热带的民族不同，这里的居民主要是与农业无干的猎人、渔夫和采集者。所以我们自然首先要考虑他们的地理和历史位置。包括哥伦比亚河高地和大盆地的地区应该被看作是屏障呢，还是应该被当作是一个庇护地？

67 自从考古学使用了碳 14 之后，公认的最早的美洲移民日期向前推进了许多。目前的共识是人类的迁移至少发生在 1 万年以前。另外一些古老得多的年份的提法开始的时候引起广泛的兴趣，但现在受到了争议。[1] 在我们感兴趣的地区中，从南到北都可以看到 8 000 年以来的连续居住的痕迹。依然有待解释的是我们偶尔会在这里或那里发现粗糙打制的工具。它们看来像旧石器时代的产物，但是它们都是在表层发现的，因而无法估计它们的年代。

目前大家局限于承认美国西部有三个彼此相邻并且看来是循序渐进地发展的古老传统：高原上的河流文化，盆地中的所谓“沙漠”文化，以及西南部在大约 3 000 年以前转为农业型的文化。在落基山脉北部发现的“古老的山脉文化”同样也暗示远古时代的殖民活动。所以，这些都不能排除这样一个假设：目前被看成是孤立的分支的萨利希人和属于广泛分布在太平洋沿岸的佩纽蒂亚印第安人（Penutian）的萨哈普廷人已经在目前的地域生活了好几千年。发音史学研究（使用的时候要多加小心）也得出了同样的结论。因此我们会自然而然地这样猜想：萨利希人和佩纽蒂亚人是古代北美洲人类迁移的明证，它们当中的一部分滞留在了高山与大洋之间，其余的部分则向东越过落基山脉，一直延伸到南美洲，大大先于后来的阿塞帕斯坎人（Athapaskan）、苏人（Siouan，Sioux）和阿尔冈金人（Algonkin）人。在这个假想中，北美洲北部的一个地区的

① 自从这些文字落笔之后，越来越多的人认为，迁移年份还应该往前推数万年。

神话与热带美洲的神话之间的极其相似也就不再显得那么奇怪了。

所以在研究神话的时候，我们决定今年把精力集中在萨哈普廷人，更具体地说是俄勒冈州南部的克拉马斯人（Klamath）和加利福尼亚州北部的莫多克人（Modoc）的神话上。这两个部落彼此相邻，人们目前倾向于把它们的语言与正统的萨哈普廷语分离开来。加特谢（Gatschet）和施皮尔（Spier）对克拉马斯人的研究、雷伊（Ray）对莫多克人的研究，以及默多克（Murdock）对特尼诺人（Tenino）的研究有助于粗略地描绘这些部落的经济生活和社会组织的大体特征。它们同时还像博厄斯和更加近期的雅克布斯（Jacobs）和巴克尔（Barker）的论文一样，为我们提供了神话学调查的原材料，南美洲的关于“掏鸟窝者”的神话的好几个翻版被发掘出来并加以讨论。我们最大的兴趣在于揭示所有的神话所共有的星象编码在从南半球过渡到北半球时所发生的变化。研究证明，它们的规则性表明，尽管这些神话出现了预料中的差异（大概尤其是由于这些差异的存在），归根结底它们还是同一个神话。

68

第七章　餐桌礼仪的起源（二）

（1966—1967 学年）

69

　　就像布告上说的那样，今年我们本来打算用周一和周二的讲座来讨论北美洲西北地区文化起源的表现和信仰，但是情况发生了变化。事实上，我们原来准备发表一些研究成果，但这些研究向我们提出了一个无法回避的问题，所以我们只好首先试图解决这个问题，然后再继续这项已经进行了好几年的工作。

　　实际上，这种困难也不完全出乎预料。它在两年以前就已经成了拦路虎，但当时我们决定绕路而行。然而当研究北美其他地区的神话的时候，它又重新以同样的方式挡在路上。这种周而复始的现象使我们意识到，这个问题并不是一个偶然现象，它反映了我们正在努力了解其本性和意义的神话世界的某些根本的但又晦涩的属性。因此，完满地解决这个问题又具有了方法上的意义：我们需要彻底弄清楚这些神话所包含的东西是不是一些没有缘由的细节。从负面上看，由于我们徒劳地试图求助于相反的假设，研究这些神话所涉及的领域变得更加广泛。

读者会问，到底是什么问题？有这样一些神话，如果从系统的角度上来看，它们绝对属于同一个类型，但是它们却来自北美洲的三个不同的地区：西海岸、五大湖区以及中部平原。它们的明显特征是故事里总是包括清一色的人类或超自然物的组成队伍，队伍的成员总是 10 个或 12 个，超过了没有文字的民族通常习惯于在它们的故事里使用的数字。不仅如此，这些数目通常是在 5 和 6 基础上乘以 2 的结果。最后，相乘的过程倾向于在同一个神话故事的过程中不断重复：或者是用同样的数字乘以前面相乘的结果，或者是把十位数加以平方，或者是用第一个运算结果的算术和来替代它，进而开始进行其他的运算。 *70*

这样表达出来的问题不可能简单地放在神话的层次上来研究。我们必须首先考虑北美洲部落使用的数字系统，寻找它们的逻辑和经验基础，研究它们的使用模式。但是这样一来，我们就会遇到双重的困难：一个是实践上的，另一个是理论上的。从实践上来说，这些系统十分复杂并且在地域上的分布很奇怪：落基山脉东部几乎总是使用十进制，然而山脉的西侧则样式纷纭：五进制、五一十进制、十一二十进制、二十进制、四进制，等等。尽管研究的神话全部来自十进制的部落，但其他使用十进制的部落中却见不到这些神话。我们能不能就这个问题找到一些确凿可靠的东西？我们的范畴和分类既不适用于数字系统，又不适用于囊括这个系统、把它作为自己的一部分或一个侧面的语言。不过当分析进一步加深之后，我们发现两个大家毫不犹豫地称为十进制的系统来自于内在的组织原则，它们彼此不同，有的时候甚至相互对立。

当研究低级技术水平或被当作如此类型的文化的时候，民族学家们常常忽略一个基本的研究。我们仅仅是大致地遵循这种研究的途径，把注意力放在了包括 5 个月冬天和 5 个月夏天的、长度为 10 个月的年历。这些月份有的时候根据手指头来命名，它们在别的地方被当作序数来使用。这样，它们没有自己的指定的名称，或者它们仅仅存在于一个系列当中，或者是一系列或由数目表示或靠某种仪式系统来指定的月份，或者就像祖尼人（Zuni）说的那样，“没有名称”。我们发现在这种年历和当地人的某些忌讳之间存在着一种关联：当地人觉得什么东西被 2 乘了之后就会不吉利。因为，如果用 2 来乘以每个季节所包含的 5 个月来得到整年的月份，那么同样的算法也会产生一个 10 个月的冬天，冬天的时间这么长，人们不可能存活下来。同样的推理也运用到手指头上：一只手上 10 个手指头会造成太复杂的器官，从而再也没有用处。

10 的这种负面的价值在神话中经久不消。可能在开始的时候它们的团伙有 10 个成员（有的时候根据我们已经描述并解释了的机制达到 12 的上限），然而它们马上就会竭力降低这个数目。但是这些队伍的组成总是具有宇宙的或政治的特征：它们的故事里要么讲的是每年的月份，要么是部落的敌人数目有两倍（也就是说很多很多，因为这种倍增会重复下去）那么多。神话提及这些可能发生的灾难的目的是为了避免它们。避免它们的手段或者是季节周期传统，或者是战争礼仪尤其是猎人头皮的传统。这样，这些战利品在北美洲的中介功能得到了解释。长久以来，它们在国家之间的关系、家庭生活和季节控制的三重的应用一直使专家们困惑不解。

我们暂时遇到的困难也一举得以解决：来自北美平原区的同样的神话，如果提到了军事上的十位数，讲的就是战争仪式的习俗，否则讲的就是季节的周期和生物的节奏。

在戴密微（Georges Dumézil）的权威著作发表之际[①]，我们有兴趣在结束的时候对北美洲信仰和古代罗马的信仰进行一个简短的比较，因为多项研究表明古罗马也有一种原始的年历，它与我们在开始的时候讨论的那些年历属于同样的类型。与美洲的印第安人一样，古罗马人也喜欢以 2 相乘的游戏。他们的两个 5 个月的年历就是明证，另外一个与美洲类似的地方是罗马年里也是头几个月才有名称；随后的月份都是用序数来表示。以 2 相乘也在关于罗马建城的信仰中占据着重要的位置。最后，罗马人自然是发明了同一乘方的但复杂程度不同的集合组。然而欧洲与北美洲类似的算法哲学却得到了截然相反的结论。印第安人惧怕乘法的致命的威力，他们在神话中提到它的目的是驱魔避邪，防避它的效用。与此相反，古罗马人用类似的方法来延长他们的未来的远景：如果说勒莫斯（Remus）看到了 6 只秃鹰，而罗慕洛斯（Romolus）看到了 12 只秃鹰的话，那就传递出一个神圣的信息，它预兆着罗马城将延续 12 天、12 个月、12 年，一旦罗马人越过了 12 个 10 年的门槛，这个先兆预示着城市的寿命将不短于 12 个 10 年的 10 年，也就是说是 12 个世纪……从这个意义上说，各个社会赋予大数目积极或消极的隐含意义，看来取决于它们对自己的未来的、或多或少公开的态度。对于每个社会来说，关于大数目的神话提供了一种指标，来帮助我们评估它们所谓的历史性系数（coefficent d'historicité）。

72

① 参见《古罗马宗教》，巴黎，Pyaot，1966。

第八章　裸人（二）

（1967—1968 学年）

73　周一和周二的讲座讨论某些神话表现的演化和改变的方式，它们存在于许多在生活类型、技术职业和独特的社会习俗上表现多种多样的社会中。

几年以来，我们在南北美洲相距遥远的地区发现并分离出了一些重复出现的神话框架。从前的神话收集工作大概也注意到了这种相似之处：长期以来人们就知道有些神话流传在泛美地区，其他的神话则神秘地以几乎相同的形式出现在新大陆的四个角落。不过总的来说，人们局限于承认这些类似之处，并且使用毫无疑问确实存在着的扩散和借用现象来解释它们。由于我们对哥伦比亚时代之前的人口迁移一无所知，所以这些解释仅仅是一些假想。

深知我们无法了解，并且可能永远也无法了解为什么会有这些重复，我们把注意力集中在了这些重复是怎么发生的。然而当神话独立于一个特定的部落群体所拥有的所有神话的时候，或者当我们出于正当的需要而把它们当作单独的实体来处理的时候，它们之间就不会出现重复。从某种意义上说，一个部落群体当中的所有的神话都相互关联，因为它们时而用改变编码、时而用改变词汇、时而用改变信息或时而同时运用所有这些手段来改头换面。这样，部落或地理上、历史上相近的部落的群体的神话从来不会以孤立的对象的形式表现出来。可以研究的唯一的具体对象具备一种研究领域的性质：我们必须首先确定它的疆域、边界和内在结构，然后再观察这个领域如何像同一个场景在一排平行的镜子中反照出来那样繁衍复制；不同的地方是，在这里每一面镜子都具有自身特殊的属性，它所反映的每一个画面都表现出新的对称规律。

74

在研究了一个神话在南美洲的巴西中部的各种表现形式之后，我们发现，同样的神话也存在于北美洲西部的弗雷泽河盆地与克拉马特河盆地之间，并扩展到这个地域之外，零星出现在这里或那里。然而对于我们来说，关键的一点并不在于表明这个事实，而是完全不同的东西。事实上，我们力求进行的示范包括两个方面：一方面，证明使我们得以把南美洲的神话简化为同一个系统之不同的表达方式的转换规则也可以运用到北美洲上来，在那里，在巴西中部的神话研究中得到核实的方法也可以得到这样一个结果：两个神话疆域尽管相距遥远，但它们却可以完整无缺地重叠起来；另一方面，也是更重要的一点，是在神话的内容中发现这个本质上的同一性如何通过一系列的改变和位移来掩盖起来，而这些改变和位移可以用两个地区之间极端不同的生活方式和社会风俗来加以解释。

的确，作为我们调查的出发点的巴西中部土著部落的特征是它们的技术和经济水平还相当简陋：有些部落甚至还不知道制陶，然

而所有部落都使用火耕，其中的一些还被公认为是这方面的行家。在同样的关系下，北美洲落基山脉西部克拉马特和弗雷泽河之间地
75 域的部落则展示了一幅难以比较的图画。捕鱼和打猎在不同的群落中占有不同的位置，然而所有部落都积极从事收集和采集野生产物。制陶业不存在，编织和编制十分发达，农业活动贫乏。如果一定要把两个群体放在同一个进化系列上的话，北美洲的部落或许处于更加低下的层次。如果考虑到南方和北方的社会达到的内在复杂性的话，排列结果也会一样。

然而这种结论与人们直觉的想法相抵触。同样在北美洲和南美洲，我们研究的文化表现出某些混杂的特征，它们时而在这里或那里显示出来的拟古性质在某些领域当中表现出相当细腻的差异。在今天的俄勒冈州和华盛顿州，许多部落根据等级和财富来保持一种等级性的社会结构。由于这些渔民和植物根茎以及其他野生产品的收集者攒集贝壳钱币，用它们进行各种各样的商业和婚姻上的投机，以致达到这样的地步：近亲之间之所以不能通婚，是因为在土著人看来，联姻与部落之间的商业交换是一回事。

哥伦比亚河下游之所以著名，并不仅仅是每年逢到鲑鱼逆水回游的季节，它是各个不同的部落都纷纭而至的捕鱼场所。切努克印第安人（Chinook）的部落在河两岸组织集市和市场，其中最重要的是达勒斯（Dalles）地区的市场，哥伦比亚河在那里开始穿过凯斯凯德斯山脉（Cascades），它是沿海地带的人与内地人相会的方便场所。

在市场上交换的有皮革、毛皮、油、鱼粉、干肉、编织品、衣服、贝壳、奴隶和马。这些产品有些来自非常遥远的地方，所有产
76 品在交易之后又奔向新的地方，经常是前往进行其他交易的二手市场。在这个组织当中，通商的需求迫使各个部落之间保持和平的国

际关系（唯一的例外是处于相对边远的部落，它们经常出征来猎取奴隶，之后猎取者本身或者充当中间人的部落把这些奴隶放到市场上来），一个如此复杂的组织怎么可能不在神话表现当中得到深刻的反应呢？通过仔细研究与我们先前在巴西中部采集的神话完全类似的神话，我们得出了这样的结论：神话提出的问题发生了彻底的变化。也许，北美和南美的神话讲的都是从自然状态到文化状态的过渡，其表现形式是一系列灾难性的、过度的衔接和过度的脱节，最终由一个媒介行动加以克服。然而值得注意的是，在南美洲，对炊火的征服最终彻底解决了高与低、天与地、太阳（或雨）与人类之间的冲突；在北美洲，神话也解释了火种的来源，但火种则置身于一系列的财产当中，这些财产的排列标准只有一个：哪些财产是用来交换的？哪些是用来共享的？哪些是留给自己的？一些乍一看来粗俗可笑的、漫无目标的故事一旦经过细致的分析，就会显示出一套完整的经济哲学。在这个哲学中，不同种类的动物，或者相反，同一种类或同一类别的动物当中彼此相邻但生活方式相异的动物（比如说在猫科动物中的捕猎者美洲豹和甘愿吃残食的猞猁）相互之间存在着种种关系，它们可以用来图解人们对财产和个人的所有可能的态度：从"矜持"，经过"给予"和"一家一半"直到"每人为大家"。在整个色彩版的一端是包括厨灶用火和饮用水在内的邻居们共同享用的财产；在它的另外一端，是包括女人在内的、在生人之间相互交换的物品。

但是这还不是全部。因为，根据部落与商品交换场所的距离的远近，并根据它们是不是更加积极地通过批发交易或进行战争活动来向市场提供奴隶来参与这些商业活动，它们的神话也趋向于不同的方向。它们的溯源功能的着眼点不再是已经退居次位的渔业，而是在食物生产的名册当中更具有战斗性和冒险性的狩猎；它的着眼

77

点不再是集市和市场，而是体育比赛。确实，这些游戏也发生在陌生人之间并作为对战争的补救；与商品交换不同，与其说它们把战争转换成相反的东西，不如说更像是对它的一种替代。在结束之际，我们希望表明了这样一个事实：神话话语可以根据自身的规律进行演化，并同时借助于某些逻辑机制（我们通过对一个实例的分析表明它们的复杂性）而自我调节，使之与每个社会的技术—经济基础相适应。

第九章　幕间节目：雾与风

（1968—1969 学年）

周一和周二的讲座全部用来探讨萨利希语族部落的环境、生活方式、社会风俗与它们的神话之间的关系。 78

这项研究遇到了一些困难，因为萨利希人的历史和民族学研究交织在一起使我们的分析工作变得复杂。萨利希人分布在落基山脉与太平洋之间、包括哥伦比亚河盆地和弗雷泽河盆地在内的、几乎是连绵不断的地域上。19 世纪上半叶以来，有时候出于自愿，高原地带的萨利希人皈依了基督教。由于其和平性格和对白人的友善态度，他们得以相对平静地生活，直到遭遇 1870 年的流行病灾祸。在这个时期当中，他们的生活范围逐渐地局限在了保留地里，他们的传统文化尤其发生了深刻的改变，因为至少在冒险家、殖民者和传教士到来之前的一个世纪，平原地带的影响就已经传到了这里。

不过大家都一致承认，尽管萨利希语族内的语言有着多种分化，尽管所谓的“沿海地带”的萨利希人与内地的萨利希人在穿着、生活方式和风俗习惯上各不相同，许多特征证实了一种文化的独特性：它的内在的区别特征仅仅在相邻的部落逐渐过渡中体现出来，这些部落向东延伸到大平原，向西延伸到西北部太平洋沿岸。79 考古学研究证明人类至少在12 000年以前就来到了这里，它是美洲人类最早涉足的地区之一。弗雷泽河的下游发现了可以追溯到12 000年以前的、连续不断的居住遗迹。在华盛顿州，被称作马尔姆斯（Marmes）的印第安人的历史超过了11 000年。同州的林德库雷（Lind Coulée）遗址发现的乳白石和玉髓工具的年龄可能同样的古老。

也许在开始的时候萨利希人仅仅居住在目前分布区的一小部分，然后才向东边和南边扩展。然而岁月古老的遗址遍布在这个区域和它的周边地区，这些地方的人类的活动在这一段长久的时间里从来都没有间断过。尽管我们应该对发音史学流派的复原方式加以谨慎对待，但它的关于萨利希语族内在的语言分化需要六七千年的时间的结论却具有相当的意义：现今的部落在过去扩大它们的地域，但作为这个地区最早的居民的后代，它们也同样会在靠近原来的地方居住下来。

在过去的岁月中，在温哥华岛和沿海地带之间、北方沿海地带和普杰湾（Puget Sound）沿海地区、佐治亚湾海岸线和内陆之间以及河谷地带与高原地区之间，生活方式、技术发展、社会风俗和宗教信仰都非常不同。西部的部落具有严格等级化的社会组织，出生家庭、宗系和财富构成了贵族、平民和奴隶之间的区别；而内地的部落则在所有这些关系之下没有固定的形式，它们当中的好几个部落甚至还没有发展出继承或阶层的概念；或者，像东部和南部的部落那样依照邻近的平原上的部落的榜样，把社会等级建立在日常职业或战争职业的基础之上。

从物质文化方面来看，温哥华岛屿上的居民，在某些程度上也包括沿海地带的居民，修建的房屋如此之大，或许是我们在所谓的原始人中观察到的最大的：它们是不规则的棚子，四周有墙，木板作顶，有时候可以长达好几百米。内陆的住所则十分不同：夏天的时候是简单的由草席和树皮掩盖起来的庇护场所；到了冬天，则是一半埋在土里、四周涂上泥土的小棚，每逢开春便拆除掉。根据部落居住的地点是靠近海洋、海峡、河流或湖泊，捕鱼和狩猎（如果不是到处都积极从事的对根茎、球茎以及野生浆果的采集）在他们的经济生活中所占的位置也各不相同。 *80*

尽管存在这些明显的区别，我们依然看到一个共同的特征反映在这个地区的所有神话当中。在大湖区锥心人（Cœur d'Alêne）和扁头人（Flathead）等东部的萨利希印第安人那里，我们可以观察到明显从平原地区借用的、不同程度上类似于部落组织的东西，但除了这些地区之外，萨利希人既不承认部落，也不承认国家。他们或许对那些讲同一种语言或方言的居民有一种模糊的亲密感。除了这一点之外，广泛分布在西部的各个部落中的大家庭，北部和中部民族的半游牧群落和半永久性的村庄，直到南部的地方群落，成为了社会秩序的唯一根基。不论是继承的还是选举的，酋长很少具有真正的权利。甚至在温哥华岛上的贵族社会当中（在那里，优先秩序和家庭的威望一定要不断通过奢侈的节日和分发财富来加以强调），我们可以说在没有公共国家权力的情况下，社会的管理只能通过生下来之后就要反复灌输并严格遵守的规则来进行。

不论是讲到族系、家庭、群体还是村落，我们总要涉及这些小小的自治性的社会单位。这个特殊的情况自然也反映在了神话当中：对于每一个方言群体（尽管我们的资料存在巨大的鸿沟）来说，它们都拥有一个神话的多个版本，与通常的情况不同，它们彼此之间的不同之处更加深刻，方式也大相径庭。就好像是神话的原始材料分成了细小的碎块，然后以任意的拼图方式重新组合起来，同样的成分以不同的组合方式显现出来。结果是各种类型的神话之间的界线如果不是完全消失的话，至少也是难以辨认。我们总是犹豫不决，不知道我们是不是从同一个神话的一个变种来到了另外一个变种，或者是从一种神话类型演化到起初被认为是不同的神话类型。

81

这种神话材料上的不稳定性也可以通过其他一些因素来解释。在沿海地带一样，内地的萨利希人自愿地与相邻的或遥远的群体通婚，他们这样做的目的要么是为了扩大政治联盟的网络，要么是因为在内地占统治地位的萨利希式和平（*Pax Selica*）使这类婚姻——和其他种类的婚姻比较起来——如果不是更加方便，起码是同样的容易，因为萨利希人的以双系乘嗣为基础的亲属体系导致了近亲之间的婚姻禁忌。由于商业交易与婚姻交易同样地活跃，而且由于人们因而常常彼此往来，不难想象，在萨利希居住的整个地区，每一个神话一旦出现就会变成大家共有的东西。然而这些难以尽数的每一个微小的社会都会以自身的方式对它加以调整。同样，对萨利希神话的研究具有方法论的意义。有没有可能从一个可以核实并可以辨认出来的整体中归纳出某些转换规则和某种结构？在北美洲的这些微小的社会里，这个整体似乎在支离破碎之后又连续不断地重新组合起来；这些社会在政治上无定形的特征以及它们相互之间的渗透使我们可以设想：从表象上来看，这些社会与南美洲各个文化所共同拥有的种种重要的神话主题是不是在它们那里仅仅以破碎的状态存在？

不过，我们可以展示在萨利希人那里有一个可以看成是前几年从其他群体那里观察到的神话的渊源的神话：但它的根基是一对初始的、彼此既相关又相互对立的名词：雾与风。在别的地方，比如南美洲瓜拉尼人的宇宙论当中，我们可以发现这个对子存在的痕迹。

然而，在雾与风构成的对子与美洲其他民族（其中也包括萨利希人本身，明年我们将研究一系列平行的神话）当中由火和水构成的对子之间，它们的相似之处实在毋庸置疑。与灶厨里的火一样，雾置身于天与地、太阳和人类之间；它时而把它们相互分离，时而保障它们之间的沟通。另一旁是风，它驱散雾气，就像大雨淹没炉灶、熄灭灶火一样。 *82*

所以北美洲和南美洲的神话具有相同的框架，而且我们得以解释萨利希人和萨哈普廷人的神话对比于其他群体的神话从表面上显露出来的异常的地方，方法是从一个广泛的、正像的模式出发，达到一个负像的画面，从而把萨利希人的神话更加清晰地表现出来。

这种转化的某些部分只能这样加以解释：沿海地带的民族感到有必要，或者他们抓住了机会在他们的神话中给本属于地理生活场所的客观的存在条件留出一个位置：这个海洋性气候的地区遍布海湾、海峡和峡湾，气候温和，降雨充沛，雾气成为生活经历中的重要部分。然而地理生活场所的解释仅仅停留在事物的表面。我们努力要表明的最重要的一点是这样一个事实："积极的"神话系列和"消极的"神话系列并排发展，并分别与两个神话动物联系在一起；在其他事实的基础上我们可以证明，从北部的阿塞帕斯坎人直到南部的东普韦布洛人，这些动物也构成了既相互关联又相互对立的对子。在一个系列当中，骗子丛林狼和他的充当调停者的儿子，是火和水的主管。在另外一个系列当中，文化主人公猞猁和他的儿子负责管理雾与风。

从这个双重的系列中不断浮现出使人联想起孪生关系的画面和象征。神话故事借用松针树枝、前胡科植物、香脂树（Balsamorhizza）等植物——这些植物构成了一个名副其实的系统——来暗指这种孪生关系，并赋予它们某种仪式功能：它们要么用于土灶烹调当中，要么用在对熊、狼、鲑鱼等动物（萨利希人和他们北方不同地域的邻居认为这些动物与双胞胎息息相关）的表现当中。

这些发现使我们得以置身于一个新的角度，对双胞胎在两个美洲的神话表现中的角色加以解释。与我们通常认为的大不相同，孪生并不简单地表现为一般的双胞胎关系，它的有关功能产生于这样一个事实：神话中的双胞胎仅仅部分地具备双胞胎的属性，原因是它们同母异父。在它们两者之间的不可逾越的间隔造成了一系列的结果；从宇宙论的角度上看，这些结果表明两个极端之间不可协调：不管人们如何怀旧，近与远、水与火、高与低、天与地以及太阳和人类永远也不可能是双胞胎；从社会和经济的角度来看，它们决定了矛盾的对子的出现：印第安人和非印第安人，国人和敌人，丰富与贫乏，等等。

在这些矛盾面前，每个孪生成员都作出不同的反应。一个试图通过调停来解决它们，另一个则在离间者的热忱的驱使下制造这些矛盾或使它们持久不衰。所以，在真实世界的所有阶段当中，后者承担的特殊的角色是维持一种双元关系。与调停一样，这种双元关系是宇宙秩序中的另一个同样重要的组成部分。

通过这种迂回的途径，我们了解到了萨利希人的神话为什么会这么容易接受从 18 世纪开始由加拿大的“树林穿越者”传播开来的欧洲尤其是法国神话的某些主体。的确，在法国的神话当中，离间者的作用总是比调停者的作用更加重要。美洲土著人的神话可以说在接触到非印第安人的神话之前就已经为它们保留了一个“空位子”。这些欧洲的传说之所以能够在北美的系统中找到一个插入点，是因为这个系统已经以抽象假设的形式，考虑到了与自身存在无法调和的、他方的存在。

第十章　裸人（三）

（1969—1970 学年）

84

作为今年的课程的准备，上一年的课程有两个主要目标：一方面是把萨利希语族的各个民族的神话组织起来，另一方面是解决某些初始的、使这些神话在众多的北美洲神话系统中显得与众不同的问题。在解决了这些困难之后，我们今年得以把周一和周二的讲座全部用来研究一个复杂的、大家公认具有相当数目的变种的神话整体。我们之所以对它们具有超常的兴趣，是因为尽管相距遥远，语言、文化甚或场所各不相同，它们把南美洲的神话几乎是原封不动地复制出来。8 年以前我们在开始目前正在进行的调查的时候，研究的就是南美洲的这些神话。我们准备明年结束这项调查。

巴西中部博罗罗人的一个神话故事的主题讲的

是家庭纠纷。我们逐步地从这个纠纷当中总结出了隐含的宇宙论意义。然而萨利希人对这些含义十分清楚，因为他们并不满足于把嫉妒的父亲想将其置于死地的主人公孤立起来，让他在树梢上或峭壁上受罪：他们把主人公发送到天上，他在那里飘零流浪，经历了各种各样的复杂的历险（今年的课程准备对它们进行解释）。不仅如此，在经历了天上的这些冒险之后，先是主人公然后是他的父亲又开始了地上的、一样多的历险。最后，一些中介性质的神话又赋予参观天上的主题一个更高的价值：因为它们又引进了其他的神话，专门讲述远古时候地上的居民向天上开战来获得火种的故事。一个故事讲的是一场暴雨之后洪水淹没了炉灶，村子暂时失去了厨房里的火种，从这里出发，我们进入一个关于文化起源甚至可能是典型的关于所有文明生活的起源的神话。 *85*

在我们两年前以同样的视角研究的萨哈普廷人和萨利希人之间，是作为衔接者的穿鼻人（Nez-Percé），因为他们在语言上属于萨哈普廷语族，在地理位置上与高原地带的萨利希人接近。在他们那里我们已经看到了参照神话的转向；这些神话上的差异事实上与生活方式上的差异相关：穿鼻人与相邻的萨利希人一样是渔夫和猎人，他们也是最靠东边的保持着纺织艺术的居民。再往东翻过落基山脉，纺织艺术就几乎彻底地消失了。所以我们设想，穿鼻人会比其他民族更加觉得从事这些艺术是区别文明与野蛮的试金石。这就解释了为什么在他们的一些与萨利希人几乎相同的神话中，唯一的变化是一个受到狩猎启发的规则变成了以藤编和编织的不同侧面为依据的规则。

在经过穿鼻人附近的群落的神话达到萨利希人的神话之后，我们需要展示一个在别的地方没有见过的情节发展以什么样的方式汇入一组转换当中。我们一方面在克拉马斯—莫多克人那里，另一方面在沿海地带的萨哈普廷和萨利希人那里已经观察到了这组转换的种种中介状态。在这个故事情节的发展过程中，骗人的神尝试了好多办法来给自己制作一个人工的儿子。这个情节与以前研究过的一些情节衔接了起来，在那些情节当中，一个同样类型的男性主人公把他收养的孩子吸到自己的身体里，或者是干脆有了身孕。同样必要的是把这个情节发展与沿海地区的、以相反的方式表达的神话联系起来：人工制作的结果不是一个儿子，而是两个女儿，她们自愿地远离他们的父亲，而不是像其他的神话那样，父亲在意识到有乱伦危险的时候，赶走他的儿子。

86 儿子来到了天上，他在那里逐一拜访了各种神秘人物，他们当中有些人充满敌意，有些人乐于帮助他。借助后者的帮助他得以重新回到地上，然而在那里等待他的是同样奇怪的人物。由于具体情节因版本不同而大相径庭，我们无法在这里谈及更多的细节。但是我们得以在所有这些材料的基础上建立一个前后一致的模式，从它那里可以看到土著人思维给予接邻关系的根本性地位。不论是高还是低，是邻近还是遥远，是大地还是海洋，神话不断寻求的永远是如何解决同样一个问题：问题的根源是过度靠近与过度远离之间的矛盾，过度接近产生模糊和混乱，过度的疏远使得调停不再可能。在这个指导方针下我们仔细地研究了一个著名的、在萨利希人中具有重要角色的神话主题，神话收集者借用旧大陆的寓言，把它叫做“守门岛”[1]；我们希望在空间周期和时间周期这两个侧面上对它进行令人满意的阐释。

在跟随着神话故事中的儿子历尽艰难之后，我们来研究父亲主

---

① Symplégades，传说中在黑海入口处有两个浮动的岛屿，当船走在它们中间的时候这两个岛屿就会撞击在一起。——译者注

人公因儿子向他复仇而遭遇的历险故事。这些历险把他带到了当时还不为人知的鲑鱼的国度。他解放了鲑鱼，把它们引导到江河当中；他向陌生的外乡人或他们的女儿或者提出结成婚姻联盟的建议，或者提出不那么诚实的建议，并根据前者对他的建议的欢迎程度来调配鲑鱼的分布。然而在其他相关的神话中，同一个人物也更喜欢内婚，而不是与外族通婚，他想出诡计来与自己的亲生女儿结婚。当把所有这些发生的情况进行存档、分类和排列之后，一个整体的图表浮现了出来：我们看到一个广阔的社会学、经济学和宇宙论系统，在那里，在鱼类在水文网络中的分布、食品经手的集市和市场、它们在时间上的周期性以及捕鱼的周期性，最后还有外族通婚之间，建立起了多重的呼应关系。由于妇女可以像食品那样在群落之间互相交换，我们几乎可以说，神话认为丰盛和多样的食物的享用取决于每一个微小的社会对外的开放程度——开放程度的标准是它们实施婚姻联盟的方便程度。这样，实践存在的各种形式澄清了神话，而它反过来又对它们加以澄清。 *87*

神话当中的地理内容与历史变化混淆在一起：同样的模式也可以同时解释，有些河泊地带的居民之所以比其他居民更加经常、更加容易捕到鱼，是因为他们去的地方的陡峭的河岸或他们附近的河床的构造不同；至于山区的、诸如居住在斯密尔卡米恩（Similkameen）盆地的居民（由于他们使用另外一种语言，人们倾向于认为他们是从北方侵入的阿塞帕斯坎人，考古证据也表明他们在这个地区居住过）则以山羊和岩羊而不是以鱼类为生。

在北美洲与南美洲的神话彼此相似的事实证据面前，我们进而了解到了这种类似的深刻原因。这些神话回答的是同一类的问题，原因是我们在独立研究南美洲的神话时得出的诠释，与经过必要的调整的（*mutatis mutandis*）北美洲的神话的阐释属于同一类型。今年课程的重要结果之一，是表明了一个重要的神话主题同样也以明白无误的形式存在于萨利希人当中：月亮和太阳乘独木舟旅行。我们从前在对南美洲的神话研究中，通过假设—推理的方法把隐含在后者中的这个主题复原出来。然而萨利希人用神话故事和各种仪式来表达这个主题，比如在普杰湾中部流传的故事说，萨满教巫医乘坐独木舟来到死人的国度找回失落的灵魂；或者，在孤立地处于北方地区、远离其语言大家庭的属于萨利希语族的贝拉库拉（Bella Coola）人那里，传说中讲到每年来往一次的独木舟，开春的时候把鲑鱼赶到江河当中，另外一个独木舟则在第一个独木舟离开之后载来戴面具的演员，在整个冬天举行盛大的仪式。

在结束的时候，我们描述并分析了神话用来表达各种主要形式的，因而是多种周期形式之间的对立关系的动物学编码：根据它们是在时间轴向上还是空间轴向上体现出来，它们可以是天文的、大地的、气象的和生物的周期。海狸、箭猪或鸾猪，以及仅仅存在于这个地区的山狸（Aplodontie）等啮齿类动物；或者是啄木鸟、美洲乌鸫、美洲小雀（Junco）、唱歌的燕雀、鹪鹩以及山雀，它们就像语言中用来区分意义的音素一样，在神话当中起着类似于“动物素”的作用。有些时候它们暗指的语义价值如此精确、如此细腻，我们可以根据它们的区别功能辨认并鉴定动物学经常以同样的俗名称呼、造成混淆的某些属和种。

第十一章　裸人（四）

（1970—1971 学年）

周一和周二的讲座终于结束了前后整整长达 9 年的调查工作。在开始的时候谁也没有想到它涉及的领域会如此广泛：我们意识到这些复杂的问题一时半会儿解决不了，不过我们当时想再用一年的时间，到 1962—1963 学年的时候，关于这个主题的讲座总是可以结束了……但附加的一年与我们后来在新大陆上的广泛的神话漫游相比起来实在是微不足道：漫游 1961—1962 学年从巴西中部出发，最终抵达了美洲神话的种种主题开始淡化的、北纬 40 度到 50 度之间的太平洋沿岸；所以从表面上看，这个目的地从地理位置上远离出发港口，然而在事实上，由于研究起步时研究的神话总是不断地重复它们自己，由于它们的深刻意义仅仅可以在这个终点加以

89

明了，这个目的地又是充分地体现了“返回”概念的观念场所。

但是在今年的讲座中，研究有理由分成三个阶段或三个步骤。第一个系列的讲座用来对北美大陆的几个地方进行简要的勘查，它们包括过去两年研究的落基山脉东侧、包括哥伦比亚河和弗雷泽河谷地带。在这个萨利希语族的民族居住的地区中，我们一砖一瓦地重建了一个与从南美洲和热带美洲提取出来的系统相同的、复杂的神话系统。在把这个系统的研究一口气推向终点之前，我们应该核实它的重心是不是确实在我们认为找到它的地点，而不是在偏东或偏南的地方。

90

沿着这两个方向，这个系统并没有消失，但是逐步减弱或发生变化。我们用循序渐进的方法建立了这个系统的连续性，它从萨利希人那里一直延伸到诸如格里人（Gree）、黑足人（Blackfoot）以及阿拉巴霍人（Arapaho）等西部和南部的阿尔冈金系民族；从萨利希人那里延伸到诸如奥吉布瓦人等中部的阿尔冈金系民族，并一直伸展到达科他人（Dakota）和奥马哈人（Omaha）等苏语族的部落；最后延伸到东部的易洛魁人、南部的尤特人（Ute）和纳瓦鹤人。另外，这些关系并不仅仅从一个方向上显示出来，因为在终点发现的神话反过来又说明了那些作为起点的神话；我们同样发现，我们开始准备沿循的、没有指望它们会彼此相交的主要路线之间还存在着一些横向的联系。

这样，一些在“入口处”的神话中不存在的成分可以借助于“出口处”的神话来加以复原。所以我们证实，所有在最开始的时候作为不同的实体表现出来的神话都在一个语义场中记录下来。这个语义场由事先存在的可能性组成，在它的内部发生的一切，就好像是每一个神话版本从现存的成分中挑选某些主体，以便为它发明最合适的、可以把它们衔接成一个故事的途径。

不过，如果这个神话综合体并不是建立在表现出某种根本性特征、非常简单并在美洲大陆的不同地区反复出现的活动的基础上的话，这种阐释根本就不可能。所以，课程的第二部分专门用来做如下的示范：从新大陆的一端到另外一端，保持不同生活方式、风俗习惯丝毫不同的各个民族在极端不同的气候条件下坚持不懈地寻求并成功地找到了动物或植物生活的某些形态，把它们吸收到自身当中，让它们在神话思维中充当某种运算角色，进而从事同样的活动。

91

我们的示范包括检验南北两个半球赋予几种类型的动物的角色：鸡形目中的某些鸟类，土著思想认为它们的肉与眼睛看到的相反，里面没有肥油；扁片鱼以及诸如蝴蝶等某些昆虫，它们从正面看来尺寸很大，但从侧面看却十分细瘦；另外一些动物，诸如身体显得是分成两半的蚂蚁、苍蝇和黄蜂，每一半都用来象征一个对立的对子的某一方；最后是生活在树上的四脚动物，它们在树干上往上爬或往下爬时身体会转整整半圈。这样，所有动物，只要它们的解剖结构或习性使它们可以方便地用来在经验模式上翻译双元类型的逻辑关系，都会在一种简陋的算术中有效地派上用场——所有神话似乎都建立在这种算术的基础之上。

在用实例阐明了神话活动之基础的简单原则后，我们得以回到这些即将结束的课程已经可以分离出来的美洲神话的整体画面上来。这个画面虽然显得前后一致，但依然存在着与它的起源、历史和含义有关的问题。尽管无数彼此远隔千里、讲着不同的语言、生活在不同的文化当中的画家们每人仅仅画下微乎其微的一小部分，这个画面依然表现了某种东西。所有这些细小的部分彼此之间都相互调整，相互补充，相互平衡。

如果能像在实验室里那样，建立在1 000或1 500个神话的基础之上的合成画面能够复制出一个在某个地方以自然状态存在的东西的话，我们就可以对这些问题作出初步的回答。但是在这种情况下，我们必须作出两个假设：第一，这个真实的东西简化到某种潜意识的程式，它在这里或那里衍生出同类的现象；除非是使用它的间接的结果，否则它的存在则不可核实；这样，我们就有可能解释种种表面上的前后不一致的地方，解决某些矛盾，澄清人种志的某些问题，并且在所有这些领域中建立一整套解决办法。第二，我们可以反过来假设，在一个相对狭窄的调查研究的地区的核心，某些已经完全地方化并由其他变种证实的神话可以把具体的存在与事先建造起来的意识形态大厦联系起来——由于要对数百个神话加以解释并把它们彼此联系起来，建造这个大厦需要特别的耐心。

92

就在我们把自己逐步限制在其中的地理区域的一块地方时，第二种假设完完全全地得到了验证。大约在北纬 43 度和 50 度之间的沿海地带的一些小群落在他们的神话中把一些主题合成起来，这些主题出现在完全不同的神话当中，但是要想理解它们，我们必须把它们看作是同一组变化中的不同阶段。这些比邻的，通常属于库斯（Coos）、西伍斯劳（Siuslaw）、埃尔希（Alsea）、梯尔姆克（Tillmook）、奎诺尔特（Quinault）、奎鲁特（Quileute）等不同语族的民族，把以前的研究中发现的秩序凌乱的各个神话主题实实在在地连为一体。与此同时，它们把一个总是为人熟知的冲突扩大到宇宙的规模；在热带美洲，这个冲突则缩小到一个村落里，甚至是一个家庭里的纠纷。从一个表面上看来根本不包含这个主题的神话的版本出发，我们从它的背后发现了关于厨房用火的问题；这些沿海地区的民族把这个主题表现为大地与天上之间由于劫持妇女而发生的一场战争，战争的结果恰恰是对火的征服。他们的神话为我们通过假设和推理的途径达到的设想提供了实践上的证据：在土著思想当中，妇女的接受者与提供者之间的社会关系和天与地、高与低之间的对立遥相对应；在这些极端之间，文化领域的火以及社会领域的妇女则同样扮演着调停者的角色。

现在需要理解的是，为什么所有这些调查工作的线索似乎都汇集到北美洲的一个完全封闭的地区。以前，民族学家们至少没有从这个角度上特别注意到这个地区，然而正是在这里，以凡人与天神之间的战争为主体的神话以最强和最弱的形式并存。

93

这种状况可以用两种方式来解释。首先，居住在这个地理区域的有关民族非常守旧，他们保留了一个神话系统的最丰富、最活跃的形式；随着向东方和南方的扩展，这些形式逐步地分解；从非常遥远的地区出发，我们的分析可以沿着相反的方向把一个神话系统一步一步地重建起来，最终在它存活下来的最合适的地方重新发现完整的系统。其次，或者相反，起初完全不同的故事像一个可能系统的许多组成成分那样，通过某种合成过程而融合并联合在一起。这两种假设从分析的观点上来看没有区别，原因是不论是从一端还是从另外一端出发，它们都把所有的符号统统倒置过来，所以它们隐含的操作过程没有区别。由于我们建立的整体系统是封闭的，所以不论是从中心出发向边缘探索，还是从表面出发向内部探索，结果都是一样：不管怎么样，它的内在的曲线保障了系统的每一个部分都不会被忽略掉。

地方的研究或许可以让我们在某些神话转换之间建立一些前后关系。但是当我们升高到一个总体概括的层次、从系统的外部而不是内部来观察它的时候，系统中那些使我们得以用“先”或“后”来表示的状态的准则就已经废弃，而历史上的考虑也悄然消散。

不过，即便我们接受这种极端的观点，历史根基依然存留了下来。在结束的时候，我们证明了南美洲的格族人和北美洲的萨利希人等主要民族都具有共同的文化特征；他们的神话从某种程度上说

94 构成了过去9年中研究讨论的系统的主梁。的确，在这个民族当中，土灶在烹调技术中扮演着重要的角色，它同时也在两个半球造就了彼此接近的意识形态结构。制造土灶的过程通常会十分复杂，常常需要集体的合作，它的良好运作需要相当的知识和保养，有时候会有长达数日的漫长的烹调过程以及一直持续到最后一刻的、期待结果的不安心情，尤其是这些巨量的食物是一个或好几个家庭度过整个冬天的唯一希望，它们放进锅里就再也拿不回来了。这样，作为两个半球的神话提到的天国入口的对立面，土灶提供了地面上或地狱的入口，饥肠辘辘的孩子们穿过它离开自己的家庭，来到昴星团安顿下来。

通过分析和讨论地处两个美洲、相距遥远的地区的关于土灶的思想系统以及与之相连的忌讳和处方，我们着重表明，神话的形式研究远非是对建立在技术经济基础上的考虑置之不理，相反，它返回到那里，从而使结构式的研究得以说明实践存在的种种模式，而这些模式反过来又说明了这些研究。

第三部分

对神话和仪式的研究

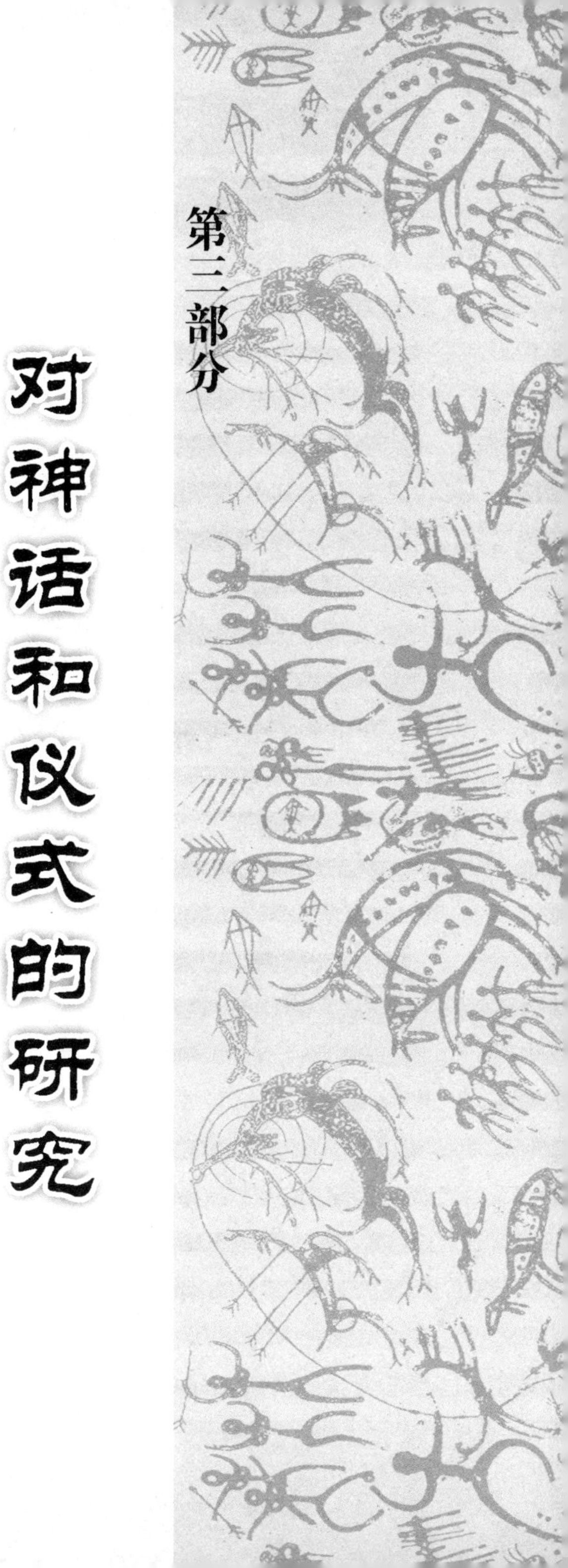

第十二章　豪比人的三个神

（1959—1960 学年）

周二的讲座讨论了美国亚利桑那州豪比印第安人的仪式和宗教表现的某些侧面。研究主要侧重在仪式中经常联系在一起的、同时被认为是亲属或同盟的三个神：姆英格伍（*Muyingwu*）是发芽神，他的姐姐图瓦蓬坦斯（*Tuwapongtumsi*）是“沙子祭坛上的贵妇”，他的姐夫马索乌（*Masau'u*），是树林、火和死亡的神。这种家庭关系尤其显示在第三平顶山的豪比人那里；在其他的地方，这些关系可能会有些变化，因为根据各个村落的传统，姆英格伍的性别并不固定。

首先研究的是这三个神在祭礼中的表现方式。为了做到这一点，就需要从整体上研究豪比人的仪式日历。好几个前后衔接的节日在象征性交换的基础上重新得到了阐释。这些交换的线索可以在一个小型节日奈温维赫（*Nevenwehe*）当中找到。

在这个5月份的节日当中，年轻人来到田野当中，小伙子们采集野菠菜，把它们送给年轻的姑娘们，并得到玉米饼作为回赠的礼物。交换活动同时也是订婚的机会，在场总有一个戴面具的演员扮演马索乌神。所以说奈温维赫节通过交换的手段使用了三重的媒介：男性与女性之间的媒介，野生植物和种植的植物之间的媒介，以及生与熟之间的媒介。

当把这个模式引用到其他仪式上的时候，我们希望表明它们也 *98* 属于同一类型的媒介，而且随着日历的进展，媒介各方之间的距离也越来越近。11月底的伍伍特辛（*Wuwutcim*）节或部落接纳参加祭礼节标志着仪式年历的开始，它的仪式首先是恐怖的、对新人的象征性的谋杀，接着是他们的再生，还有可能包括秘密的部分，把死尸从坟墓中挖出来。节日看来包含着双重的交换：自然的死亡对于社会的生活，以及社会的死亡对于自然的生活。下一个节日是12月的索亚尔（*Soyal*），它尽管与前者十分类似，并不像大家通常想象的那样局限于与冬至相关的太阳祭礼。它本身也构成一种交换，只是交换的各方更加接近。

然而，当我们仔细地检查索亚尔节的复杂过程的时候就会看到，从前后顺序来说，它的不同侧面涉及冬至、战争、人类和动物的繁衍、种子发芽（证据是祭礼上展示姆英格伍神的皮画），最后是狩猎并分发猎到的兔子。另一方面，索亚尔节的最重要的仪式是男性角色“雀鹰神”与女性角色“索亚尔的处女”双双进行的一系列舞蹈。

在索亚尔节的所有这些活动当中，看来猎兔以及与之相关的宗教仪式和表演所扮演的角色比我们直到目前为止所想象的要更加重要。又称为“危险的月亮”的冬至这个月份禁止狩兔，一方面是为了让兔子们生息繁衍，另一方面是因为大地在这个期间过于“贫瘠”。索亚尔节结束时的狩兔仪式因而与解除禁忌相对应。在这之后，狩兔活动使小伙子们与未婚的姑娘们聚集在一起，每个都像在奈温维赫节中那样以交换作为结束，不过这次他们相互交换的是兔子和玉米饼。另外，因为兔子生活在地洞里，所以它们是来自地狱的食物。在土著人的意识当中，兔子与妇女的月经相互关联。另一方面，雀鹰被看成是兔子的天敌，并与太阳相关。最后是用来打死兔子的弯头棍子，神话称它是按照雀鹰神的翅膀的样子做的。 *99*

如果对土著人意识中兔子的混杂和暧昧的特征加以留心的话，我们就会看到一种出现在高与低、天与地、男性和女性，尤其是狩猎和农业之间的套购关系（arbitrage）：兔子既是主要的肉食来源，同时又是耕种的植物的主要威胁，因为它们会把园子搞得一塌糊涂。所以在豪比人的象征系统中，兔子扮演的角色是战争（狩猎的前身）和丰盛（即生命）之间的衔接点。它既是食物，又是食物的寄生物：从这个意义上说，妇女的月经也是一样，它既是繁衍的前提，又不可避免地带来污渍。我们现在了解到兔子为什么可以在索亚尔节和第一个纯属农业性质的鲍瓦姆（*Powamu*）节之间起到过渡的作用。

鲍瓦姆节或“整理节”主要具有两个方面的内容。首先这是发芽的节日，因为男人们在地下并临时烘暖的神殿里对玉米和菜豆进行催种；它同时也是青年男女们在称作卡奇纳（*Katcina*）[①] 的、戴着象征不同神灵的面具的舞蹈者当中举行的接纳进入仪式。鲍瓦姆的名称本身暗示“计数的规则”，然而节日似乎是在两个层次上同

---

① 疑为 Katchina。——译者注

时发展：一方面是在种植者和收成的寄生者之间，另一方面是在用菜豆来换取玉米的人与神之间。

农学家和植物学家们在美国西南部收集起来的关于当地农业的材料显示，从收成方面来看，玉米与菜豆之间的对立和收成与寄生物之间的对立属于同一个类型。一种庄稼对寄生物有天然的免疫力，另外一种则非常容易受到它们的伤害；一种庄稼非常古老，另外一种则都是新近的；玉米与文明的艺术相联系，而某些迹象显示，菜豆似乎是在礼仪上取代了一种野菜，并且属于古老过时的食物。

100 我们看到，生与死之间的对立在伍伍特辛节中最为强烈，到了索亚尔节上有所减弱，变成了以猎兔来表现的战争与繁衍之间的对立。那么它会不会以一种更加局限的形式也为鲍瓦姆节提供模式呢？所谓更加局限的模式是农业与在农业生活中表现死亡的、诸如风暴与寄生物等自然力量之间的套购。

为了证明这一点，我们必须能够表明鲍瓦姆节的第二个侧面的接纳仪式实际上表现的是一种象征性的交付：把作为人类的收成的青春交付给化身为农业寄生物的各种神灵。我们并不想假装解决了这个困难的问题，能够指出从哪个方向寻找解决问题的方法就已经令人满意了。在美洲的其他地方可以观察到某些象征性的、借助毒虫来把肉剥掉的接纳仪式，鲍瓦姆节上对新人的鞭笞可不可以被看作是这种仪式的一种淡化的形式呢？从另一方面说，在鲍瓦姆节上鞭笞年轻人的带着面具的神灵们会不会是在表现农业寄生物？这个假设之所以吸引人，是因为被指派挥鞭子的两个胡（Hu'）的带角的面具与西南部所谓的昆虫形象的岩刻类似，指挥这些刽子手的神灵的名称是安格姆斯纳松塔卡（*Angmusnasomtaqa*），意思是长着乌鸦翅膀的贵妇（实际上翅膀就固定在面具上），而乌鸦则被看成是园子的盗贼。

在 7 月中旬标志着雨季结束的尼曼（*Niman*）节之后，我们简要地研究了两个节日的交替的仪式，首先是笛子节，其次是蛇和羚羊节。这样做有两个原因：首先，这些仪式涉及一些非常复杂的问题，研究它们就必须进行比较工作，比较的对象不仅仅包括其他的普韦布洛部落，还包括美洲的另外一些非常遥远的群落；其次，笛子节和蛇—羚羊节从整体上表现出一种出奇的内在一致性，它们似乎在结构上与伍伍特辛—索亚尔—鲍瓦姆—奈温维赫—尼曼节的周期不同。所以我们仅限于指出这样一点：在这组节日以及 9 月和 10 月的女性的节日中，我们把马劳（*Marau*）、拉肯（*Lakon*）、伍科尔（*Ooqol*）以及这三个神灵介入的条件和模式当作研究对象，以便解释神话对它们的描绘中的某些模糊之处。在学期最后的几节课上，我们利用库欣（Cushing）、斯特芬（Stephen）、沃斯（Woth）、瓦勒斯（Wallis）和其他人的著作来专门讨论它们。 *101*

从外形上来看，姆英格伍似乎是一个迟缓的神，他会周期性地肥胖过度（当他的身体充满谷物的时候），由于腿软他走起路来步履蹒跚。从性格上来讲，这个神腼腆而敏感，稍加戏弄就会发火，很容易受到巫师的影响。

从更一般的意义上说，姆英格伍和马索乌通过相反的性格而相互对立：一个沿着垂直轴线移动（地下世界—地面上），另一个则沿着水平的轴线移动（丛林—种植—村落）；一个身材小，另一个则是巨人；一个雄雌难辨或没有明确的性别特征，另一个则是活跃的雄性，诱惑者；一个没有面具，另一个则有好几个。要想获得食物，就需要管好姆英格伍，但必须攻击马索乌或至少是抵抗它。姆英格伍是即刻的食物的主人，马索乌则是源源不断的食物的主人；姆英格伍依照与众神委员会制定的条约，想方设法地把男人们扣留在大地的深处，马索乌则违反众神的意愿，尽力把男人们引诱到地面上来。

姆英格伍与他的姐姐图瓦蓬坦斯之间的关系则完全属于另外一种类型。研究发现，这两个神当中的任何一个都不根据与一个语义场中的某些位置的关系来加以定义。实际上，这个语义场对于这两个神来说是同样一个，但是它们从相反的方向来穿越它。结果是它们不是定义为“状态”，而是定义为“过程”。

这个语义场可以通过如下的等同价值系统来描绘：

(丛林：{ 休闲)::(休闲：种植)::(种植·房屋)
狩猎场所)::(活动物：动物遗骸)::(动物遗骸·衣物) }::(自然，文化

102 姆英格伍的职责是从左向右走过这种双重的周期，而图瓦蓬坦斯则总是从相反的方向、也就是从右向左移动。所以，从自然向文化过渡的角度上看，前者**不情愿地**履行它的**进步**的职能，而图瓦蓬坦斯则**急不可耐地**履行它的**退步**的职能。

可以看到，作为灶火之神、农业之主，狩猎、死亡、旅行者、荒芜之地的神灵的马索乌具备一些表面上看来相互矛盾的职能，它们在整体上与他的管辖权限内每个关系的所有首要项次的重新组合相对应。所以相对于姆英格伍和图瓦蓬坦斯来说，马索乌代表着稳定和恒长的要素。

如果从职能的角度上来看姆英格伍和图瓦蓬坦斯属于“进程性”的神灵、马索乌属于静止性的神灵的话，那么从条件的角度上看来事情则恰好相反：姆英格伍和图瓦蓬坦斯在天职上说是静守不动的神灵，而马索乌则漂泊不定。美洲的这种三位一体表现出了一个系统的所有特征，在对这个系统的各种属性的研究当中，我们一方面依据豪比语言中关于时间的丰富的表达方式，另一方面则依据这些印第安人的社会结构（母系氏族以及入赘风俗），因为这三个神灵之间的家庭关系与民族学传统上所称的原子亲属结构相对应。

第十三章　一个易洛魁人的神话

（1960—1961 学年）

103

以美洲神话研究为主题的星期三的讲座研究了易洛魁印第安人的一个神话。上一年开课讲座大体地对这个神话进行了分析。我们讲的是赫威特（J. M. B. Hewitt）的塞纳卡人故事、传说和神话的第 129 个神话［美国民族学属第 32 期年度报告（1910—1911）第一部分，华盛顿，1918 年］。

兄妹俩分别独自生活在森林当中。当女孩子长到青春期年龄的时候，一个自称是素不相识的年轻人来到她家，但她认定这个人其实是她的哥哥。她拒绝了他的非礼举动，并向哥哥埋怨他的乱伦的打算。哥哥告诉她说他有一个重身，这个重身不仅在长相和衣着上与他一样，他们两人的命运也完全相同：发生在一个人身上的事情一定也要落在另一个人的头上。为了消除妹妹的狐疑，年轻人趁他的重身不注意的时候杀死了他。难道他不是也在劫难逃？其实不然，他使用心计，在他的对手的母亲（力量强大的巫婆，猫头鹰的主人）面前装作是她的亲生儿子和他的亲生妹妹的丈夫。但是炉膛里的火焰泄露了天机，猫头鹰们也向巫婆透露了他的骗局，乱伦成婚的兄妹俩在一条有魔力的狗的帮助下逃走了。几经周折，最后是哥哥与一个陌生的对手进行决斗，兄妹俩终于在东方的一个岩洞中找到了他们的亲生母亲。哥哥的与第一个不同的另一个重身终于与女主人公喜结良缘。

我们首先调查这个神话故事是不是另外一个关于两兄弟的神话

104 ［汤普森（Aarne-Thompson）分类的第 303 种］的变种。科特·兰克（Kurte Ranke）的题为《两兄弟》（赫尔辛基，1934 年）的论文专门研究了这个故事。确实，我们发现了这个故事的不同的美洲版本，然而它们都毫无疑问地起源于欧洲。另一方面，易洛魁人的神话则十分明显地从两个方面表现出相反的处境：第一，欧洲的神话讲的是两个兄弟和一个嫂子，美洲的神话讲的则是兄妹俩和一个妹夫；第二，兄弟俩的故事以其中一人在他的嫂子面前的无遮无掩的纯真作为戏剧情节的动力，而美洲的神话情节则围绕着兄妹之间隐匿的乱伦而发展。

所以更加顺理成章地来看，易洛魁人的神话应该属于出自于美洲本土的俄狄浦斯主题的一种表现形式，尤其令人感兴趣的是，它来自于一个民族学所见到的最具有母系氏族特点的社会之一。

1. 对神话的分析

故事最初的情景展现了兄妹之间，也就是男性和女性之间的对立；在易洛魁人眼里，他们分别代表着与大地和上天相关联的两种本原。男人与狩猎、同样也与生食相对应；女人则与农业和烹调、也就是熟食相对应。从这个意义上说，男性与女性之间的对立也可以看成是自然与文化的对立。[①] 然而在故事刚刚开始不久，就出现了一种三元的结构，我们表明它在神话中代表一个不变的因素：对重身的谋杀和乱伦一方面被火告发，另一方面被两只猫头鹰检举。每个间谍都完成了自身应尽的职责，因为炉火检举的主要是"杀兄"，而猫头鹰告发的则是乱伦。再者，在两只猫头鹰当中，一只更主要地牵扯到男主人公的假身份，另外一个则是与妹妹的乱伦关系。乱伦关系也具有双重的侧面：它起着分离的作用，因为它的基础是身份的变换；它同时又起着连接的作用，因为它是一种更加接近的婚姻。这样，我们面临的问题是如何发现初始的双元关系与以后神话中的一系列三角关系之间的联系。然而在这个对立的两极当中，只是其中的一极，也就是女性的一极，立即以双重侧面的方式显示出来：一方面是进入青春期、准备丢掉其妹妹角色的少女；另一方面是命定要嫁给一个"非兄弟"的妻子，因为在她的社会里，外婚是必须遵循的规矩。年轻姑娘难以区分这两种角色，更没有能够成功地在它们之间作出抉择，这种不可避免的犹豫不决引发了整个故事。 *105*

神话后来的片段又以直接或相反的方式重复了这种三角关系，但每个版本都掺入中介的关系。如果说第一个三角关系是以单一的男性与模棱两可的女性之间的对立构成的话，随着男女主人公的出逃而出现的第二个三角关系则表现出新的对立关系：一方面是东方

---

① 请那些抨击我的男性和女性同事们注意，他们指控我教条地提出男人与文化之间的对立等同于女人与自然之间的对立，但是他们却只字不提我长久以来一直坚持的观点："神话素"与语言中的语素一样，它们没有自身的意义，仅仅具有位置。正如我在《裸人》（248～249 页）中表明的那样，即便是在一个具体文化的核心，男人与女人之间的关系和自然与文化之间的关系也是可以相互替换的，但他们对此也是只字不提。

与西方，也就是生命与死亡之间的对立；另一方面则是狗的模棱两可的角色取代了模棱两可的女性终端——狗是驯化的动物，所以它既是自然的一部分，同时也是文化的一部分。

男主人公与陌生人之间的搏斗给研究造成了特别大的困难，因为起初看来它与整个神话如此不同，所以赫威特毫不犹豫地称之为对欧洲原本的篡改。我们证明，神话结束的这个部分与它的前面的部分之间存在着语义上和结构上的连续性。实际上，故事从来都是在讲某种困难的或者是不可能的脱离，因为男主人公被一个他觉得几乎无法摆脱的神秘的对手弄得动弹不得。另一方面，他解脱的方法本身（我们不可能在这里详细解释它们）实际上得以重建某种与以前的三角关系比较起来尽管更加复杂但完全类似的关系：它的三个成分分别是大地、水和火。它又是通过对一种双元对立的参照而构建起来：自然与文化。在那里，我们重新看到了神话开始时候的对立。

106

2. 比较研究

在检查了易洛魁神话中的各个变种之后，我们的调查扩大到了比邻的民族，也就是说它们包括了奥吉布瓦人、黑足人、梅诺密尼人（Menomini），以及北方的苏人，尤其是阿西尼布安人（Assiniboin）。他们那里确实可以发现易洛魁的神话，不过它或多或少地与另外一个所谓的“大粪丈夫”的主题相关，但这个主题在易洛魁人那里并不那么明显（因为它转移到了关于宇宙起源的神话）。值得注意的是，在梅诺密尼人和阿西尼布安人那里，这个“大粪丈夫”是专门用来惩罚那些拒绝结婚的女儿们的。换句话说，她们与易洛魁神话的女主人公一样，不知道怎么在她们作为姐妹和女儿的今天与她们作为妻子的未来之间作出选择。另一方面，这些变种比易洛魁人的神话更加清楚地表明，怕生或犹豫不决的年轻姑娘与庆祝女性青春期的节日之间存在着联系。北方的苏人尤其是这样，他们把这些故事当作是青春期祭礼的神话基础。这样一来，我们进一步的研究对象是这些社会怎么看待青春期，并在这个领域中的各种可以察觉的变异与各个神话的原形中的差异之间建立一种关联。我们制作了一个总表，每一个研究的神话都在它那里有一个在两个坐标轴之间标定的位置：一个坐标轴与从神话到仪式的过渡对应，另外一个则与从增长的概念到排泄的概念的过渡相对应（事实表明这两个概念在神话象征当中起着根本的作用）。结果我们得到了一个类似于神话“谱线图”的东西，并对它进行了仔细的考察。确实，神话研究对象的三个大群落在这个谱线图中占据着各具特色的位置。易洛魁人神话的位置紧凑而精确，阿尔冈金语族的群落占据的谱带则非常模糊。最后，北方苏人的神话好像是衍射到了谱线图上的好几个地方。

3. 解释

107

从形式分析的角度上来解释这些特征看来是不大可能。实际上，被研究的群落都生活在北美洲一个从经济学的角度上看十分重要的地区，因为玉米种植区的北方界限正好穿过它。三个群落之间的区别完全体现在它们的生活方式上：易洛魁人从事耕种，梅诺密尼人从事野生谷物采集，北方苏人则主要以猎取野牛为生。这些民族与他们的生活场所之间具有不同的关系，与之相对应的是不同的意识形态，它们之间的区别在于阴性本原的大地在它们那里占有的位置。梅诺密尼人的生活场所靠近易洛魁人，并从后者那里学到了农业种植的技术，但他们一直拒绝种植作为他们的主要食物来源的野稻子，因为他们认为这样做会“伤害他们的母亲大地”。在这些条件下，当我们看到母系氏族的耕种者易洛魁人在神话中表现出对乱伦的某种程度的宽容态度时，也就不那么惊奇了，因为两性之间以及亲属之间的混杂关系多多少少地类似于农业生活中司空见惯的混杂关系，而农业生活的基础则是与女性大地之间的富有侵略性的亲密关系。与之对称，奥吉布瓦人对农业的保留态度（况且，在大湖区北部的自然条件下农业种植几乎是不可能）则与他们在社会生活方面表现出来的、对两性关系的极端消极和严格的观念相对应。但是到了北方，到了几乎专门以狩猎为生的苏人那里，妇女与大地之间的等同关系从某种意义上说是解除开来，两性之间的敌意不再以哲学思维的方式表现在范畴和本原之间，而是具体地展现在社会当中和社会成员之间。的确，我们目睹了平原区印第安人的两性关系的复杂特征：男人们对他们的妻子存有病态的嫉妒，但又是别人妻子的凶猛的诱惑者，而且通过宗教狂热或武士的傲慢来强迫压抑自己的感情。

最后，我们指出了青春期祭礼中某些从前被忽略的侧面。在美108 洲北部，或许也在别的地方的印第安人的意识当中，家庭的平衡总是被看成受到双重的威胁：要么是乱伦，要么是遥远的外族通婚；乱伦是一种过分的结合，外婚则体现了充满风险的脱节。然而，家庭和社会联系既不能太紧凑，又不能过于松弛。两种危险窥伺着家庭和社会秩序：一是与兄弟的可憎的结合的危险，二是与“非兄弟”的不可避免的结合——这个“非兄弟”很可能是一个陌生人，甚至是敌人。从这个视角上，我们可以重建一组关于人类与动物的婚姻的、来源于从美洲到东南亚的广泛地区的神话故事。故事中的动物要么是狗，就像兄弟一样是“家养的”；要么是一只猛兽（通常是狗熊），就像是声称中的陌生人一样是“吃人肉的”。但是年轻姑娘的初次月经把她置于一种非常的处境，两种危险就似乎以一种超级的形式结合在了一起：就像是乱伦，她有可能会把她的家人弄脏，而她的生理状态使她暴露在外界的不利的影响之下。这样，众多的土著人，尤其是阿尔冈金语族的部落之所以把青春期礼仪看得如此重要，是因为它们被赋予的象征特征；而且，北方苏人在祭礼中的仪式几乎以一字不差的方式把这种象征特征体现出来。

第十四章　美洲动物寓言集概述

(1964—1965学年)

109　经过文化部的许可，这一年的课程制定了一个初看起来并不很高的目标。它的标题是“美洲动物寓言集概述”，利用周一和周二的课程，讨论如何定义新世界热带地区的一种名叫“懒汉”的动物在南美洲神话中的位置。

这种牙齿不全、属于二趾树懒和三趾树懒的动物仅仅依靠几种植物汁液为生。除此之外，它的体温调节功能很差，所以只能居住在温差不大的雨林区域：大体地说，从玻利维亚东部起，经过亚马逊盆地，延伸到圭亚那。所以，我们有兴致研究这些地区的神话是不是给树懒留出一个位置。

研究立刻显示这个位置确实存在，它有好几种彼此非常不同的标志方式，而这些标志方式又在研究的区域的两个极端上有所重复。玻利维亚东部的塔卡纳人（Taca-na）与荷属圭亚那的卡利纳人（Kalina）一样，都把懒汉当作一种具有宇宙意义的象征，并且令人奇怪地通过它的某些与各种取消功能有关的特殊习性来解释这种角色。

首先需要解决的问题，是了解这些特殊之处是想象中的，还是真的存在。要是没有卓越的哺乳动物学家、巴黎医学院教授布赫利埃尔（François Bourlière）先生的帮助的话，我们不可能解决这个微妙的问题。布赫利埃尔教授专门为我们收集了一个十分精确的参考书目，使我们感激不尽。对捕获后育养的懒汉的观察十分稀少，*110* 但是它们完全证实了神话描写中这些动物的排泄习惯：每隔好几天，它们总要在同一个地点、靠近地面的地方排便。

下面需要知道的是这些神话怎么开始把这种经验上观察到的用途容纳到一个意义系统当中。我们通过两个角度来研究这个问题。

首先，我们把注意力放在了塔卡纳人的神话上。它明确无误地把作为宇宙性威力的懒汉与地狱中的没有肛门、仅仅能靠烟雾为食的侏儒们联系了起来。同样的信念既存在于圭亚那，也存在于北美洲最北方的地区，因为在那里，同样类型的联系也存在于地狱侏儒与松鼠之间。这样就导致了下面的假设：地下世界（同样也是背面的世界）里的侏儒却与小小的树栖动物保持着某种对等关系：懒汉、小食蚁兽、树豪猪、松鼠、猴子、蜜熊，等等（所有那些我们研究过其神话寓意的动物）。更精确地说，与地狱侏儒相关的信仰看来是出于逻辑上的需要：人们需要建立另外一个项次，并使它相对于人类的位置与人类相对于种种树栖动物的位置同属一类。这样一来，研究的大纲自然而然地显示了出来。

的确，我们需要了解这些神话是不是在陈述这种树栖动物的时候，使它构成一个意指系统，而懒汉的角色是不是在这个系统当中保持了所有相关的特征。在为我们提供了最初的神话标本的群落之间的中间地带，生活着蒙都鲁库、威威（WaiWai）、巴雷（Baré）、伊普奇纳（Ipurina）等其他部族；通过研究它们的神话，我们成功地提取出了由一个懒汉和吼猴（吼猴属）构成的对子，分别暗指“憋着”和肛门失禁。懒汉在秘鲁东部的基瓦罗人（Jivaro）的神话中占有异乎寻常的位置，通过研究它们，我们得以把这个对子归纳到一个三角系统当中。在这个系统中，夜鹰（夜鹰属）占据着顶峰：也就是说，神话把相关的、贪吃的特征赋予了一只鸟，而不再是一个哺乳动物。这种现象不仅仅出现在南美洲，它同样也出现在北美洲，甚至是整个世界：它在欧洲多种多样的名称以它们的方式表明了这一点。

111

调查产生了两个结果：一个会引起南美洲民族学家的兴趣；另外一个结论的意义则更加广泛。

从南美洲民族学的观点来看，它展示了一个引人注目、可能具有相当意义的现象：从地理分布上来看，一种整天想着消化通道的某些不太雅观的用法——或是积极的，或是消极的，这取决于说的是上边还是下边——的道德思辨，恰好与关于用来吹射弹丸的吹管的思维相并行；同样是空管的后者从技术观点上说与前者相关联：就像口腔气流把箭头驱逐出吹管那样，肉被嘴吞下之后，又以大便的形式被驱逐出去。

从一般的神话研究上来看，我们强调指出了“懒汉/夜鹰”对子的主题价值。我们这样做的原因不仅仅在于两种动物的地理分布出奇地不同（一种分布十分狭窄，另外一种则非常广泛），最主要的原因在于下面一点：通过使用动物象征来图解“口腔特征”和“肛门特征”并提取出它们的所有的心理含义（就像我们前面试图展示的那样），神话思维表现出了它的丰富性和敏锐的洞察力。它驾轻就熟地使用了我们的社会直到最近才通过精神分析学发现的那些概念。

第十五章　面具之道

(1971—1972 学年)

星期二的讲座在课程当中（如果不是发表的研究当中）触及到了一个新的问题：美洲西北部太平洋沿岸印第安人的面具带来的造型艺术的问题。在以前的几年的时间里，我们既然把某些研究方法卓有成效地运用到了神话研究当中，那么有没有可能把这些方法同样也运用于这些面具表现的想象物、它们塑造这些想象物的风格，以及它们赋予这些想象物的语义功能呢？ 112

我们的出发点是一种名叫思威惠（*swaihwe*）的面具，它们流行于温哥华岛和沿岸地区的几个萨利希语族的部落。这些面具的形状十分奇特：它们的顶部是圆形的，然后从两边向内弯曲，并一直延伸到下部的一个水平横切。它们以非常优雅的风格表现了一副长着大嘴的脸庞，着重显示伸出来的长长的舌头。圆轴形状的眼睛向前突出，鼻子是一只鸟，头顶上还有两三只鸟当作角。面具的后面是一个从前由天鹅羽毛编织起来的圆环；舞蹈者的身上和腿上也披盖着天鹅的羽毛或绒毛——或者有的时候是白色的草秆。舞蹈者的手里拿着的球拍形状的打击乐器是一个绕着一串扇贝贝壳的木环。

思威惠面具是某些上层亲族独有的财物，仅仅通过继承或婚姻方可以得到。它们的主人仅仅在炫财冬宴或世俗的节日的时候把它们展示出来。它们从来不会在冬天的重要节日上露面。它们被看成可以招财进宝，保护它们主人的富裕，并为那些安排分财活动、确保这些富人相互竞争的人们带来财富。

113

关于思威惠面具的神话有来自岛屿的和来自海岸的两种类型。前一种神话说这些面具或它们的雏形是从天上掉到地上来的；后一种神话则说它们是从湖里钓上来的。通过两节课的比较分析我们得以建立起两者之间细致入微的对称：所以它们之间存在着一种转化关系。我们证明，这种转化只有从一个方向读解才有意义；岛屿上的神话是沿岸神话的转化，而不是相反。我们经常援引历史学和语言学论据来强调思威惠面具来自弗雷泽河的中下游地区，和它们比较起来，我们自己的论据显得更有表现力，并得出了同样的结论。最后，通过对比邻的、拥有类似的面具的萨利希部落的神话进行调查，我们做出这样一个假设：思威惠面具一方面与鱼有关联（因为面具是从湖里钓出来的，另一个原因是独立的观察表明，舌头和鱼有某种暗喻上的类同关系），另一方面则与这个地区的各个民族知道并使用的铜器相关。就像利洛特人（Lilloet）叙述的那样，在沿海的民族那里，关于铜器的神话的确可以还原成关于面具的神话。

萨利希人西部和北部的近邻努特卡人（Nootka）和夸扣特尔人

（Kwakiutl）从他们那里借来了思威惠面具。后者的面具尽管在风格上有所不同，但它们的所有特征都保持着原本的痕迹。夸扣特尔人把它们称作祖瓦埃祖瓦（*xoa'exoe*）或祖威祖威（*xwexwe*），配备给它们和萨利希人一样的打击乐器，并且更有甚者，把它们和地震联系起来。与萨利希人相反，他们在冬天的节日里使用它们。从各方面来讲，我们掌握的用来指明它们在社会上和仪式中的角色的材料都十分有限。相反，有关它们的神话却提供了丰富的材料。

这些故事分成两种类型。第一种传说讲的是温哥华岛北部或者是对面海岸地区的某些氏族如何从温哥华岛上讲萨利希语的、居住在夸扣特尔人南边的考摩克斯人（Comox）那里得到了这些面具。第二种传说的神话味道更加浓厚一些，讲的是一个印第安人如何在斯科特角（Cap Scott）（在温哥华岛的最北端，从而与第一种传说相反）从超自然的神灵那儿获得了这些面具。这些神灵首先以鱼的形态现身，样子像是属于鲉鱼科的红色的岩鱼。作为赠礼，这些面具没有附加任何食物或贵重物品。所以神话作出结论说，这就是为什么如今大家说这种鱼十分吝啬。回过头来想一想，这种理论实在显得难以解释：因为萨利希人赋予思威惠面具的行为截然相反。 *114*

在把关于思威惠或祖威祖威面具的文件如此归纳起来之后，我们发现手里掌握的零星材料实在不足以解决它们所带来的问题。这样，我们就必须把以前使用过的程序运用到这些材料上，使我们得以在类似的条件下澄清这些神话在孤立研究的情况下不可能了解到的意义。与神话研究相同，我们能不能把一种类型的面具重新放置到由其他的、同样类型的成分构成的语义场当中呢？更具体地说，我们能不能找到另外一个面具，它通过所代表的角色、自身的造型特征，以及文化赋予它在社会中和仪式上的角色来使它本身与前者处于一种转化关系当中，从而在某种意义上使它的“信息”来补充另外一个面具负责传播的不完整的信息，进而使我们能够依靠前者和后者把它们各自仅仅可以表达一半的意义完整地重建起来呢？

这个面具不仅可以在夸扣特尔人那里，同样也可以在萨利希人那里找到。某些文字声称的、似乎仅仅热衷于给予的萨利希人反过来又从夸扣特尔人那里引进了这种面具。它表现的是一个吃人巨妖，夸扣特尔人把它叫做德佐诺克瓦（*dzonoqwa*）。思威惠面具的装饰物是白色的，而德佐诺克瓦则是黑色的，佩戴它的人也衣着黑色。思威惠面具的装饰是羽毛，德佐诺克瓦的装饰则是动物的毛。思威惠面具双眼突出，德佐诺克瓦面具的双眼则深深地陷落在空洞的或半封闭的眼眶里。思威惠面具可以看见未来：在舞蹈当中，一个手持长矛的角色试图把它弄瞎。相反，德佐诺克瓦面具表现的角色则是瞎子或近乎瞎子；而在神话当中，它们在抓到的孩子眼皮上涂上树脂，使他们看不到东西。思威惠面具吐着长长的舌头；而男性或女性的德佐诺克瓦则有垂落的双乳，它们的人类敌人试图把长枪插到又可以称作“乳房的眼睛”的乳头上。

115

不同版本的关于思威惠面具的神话说它们要么来自天上，要么来自水中，换句话说，它们要么来自上边，要么来自下边。德佐诺克瓦面具则来自森林的深处或它们的起源地的山区，也就是说它们来自远方。思威惠面具代表的是最高层次的氏族的奠基祖先，所以它们属于有社会性的世界；与之相反，代表非社会性的精灵和儿童劫持者的德佐诺克瓦面具则属于野性的自然。思威惠面具被排除在冬天的节日之外；德佐诺克瓦则出现在冬天的节日里，节日由一个人数不多但符合规则的团体来主办。第二种对比在萨利希人那里尤其明显，因为与仅仅可以通过继承和婚姻得到的思威惠面具相反，任何家庭，只要有钱，都有购买穿戴吃人巨妖面具的权利，哪怕面具的背后是一些极力想炫耀财富的“新贵”。

通过与关于祖威祖威面具的神话的比较，夸扣特尔人的关于德佐诺克瓦面具的各种神话表现出了不同寻常的特征。首先，它们分布在不同的空间轴线上。祖威祖威面具神话的分布区域的两端分别是南方的考摩克斯（Comox）地区和北方的斯科特角，也就是说，一边是生人甚至是敌人的国度，另外一边则是无边无际的大洋，也就是由自然概念而不是社会概念定义的未知世界。关于德佐诺克瓦面具的神话的分布轴线则横贯东西，正好与前者相垂直，把岛屿西岸与沿海地区的深水峡湾，尤其是深入到夸扣特尔地区最为多山的奈特湾（Knight Inlet）连接起来：因而是大地——海洋的轴线。两者的互补关系也在这个方面表现出来。 *116*

这还不是全部：在更有神话味道的传说里，祖威祖威面具是由鱼送给人类的；但是德佐诺克瓦人居住的地方离鱼实在太远，没有这些面具，所以他们把大部分时间都花在从人类那里盗取面具。最后的一个细节尤其重要：祖威祖威面具并不分发丰富的礼品，据说它们十分吝啬。与之相反，德佐诺克瓦面具则拥有出奇多的财富，其中有干肉、毛皮、皮革和铜盘；男性或女性的它们要么把财物慷慨地分发给被它们保护的人类，要么在被杀死或逃走之后任人抢夺；神话解释说，这些财富是炫财冬宴和有装饰的著名的铜盘的起源。在夸扣特尔人的眼里，这些铜盘是最为贵重的财物。另外，在南部的夸扣特尔人那里，酋长在分发铜盘的时候戴的正是德佐诺克瓦面具，在必要的时候，他会用一把刀柄上雕刻着吃人妖怪的刀把它们切成碎块。德佐诺克瓦形状的巨大的盘子以及小一些的代表它的脸、乳房、肚脐或髌骨的盘子用来为参加仪式的陌生人们上菜。

在研究沿海地带的萨利希人关于思威惠面具的起源故事的时候，我们强调指出这些故事经常地描述一对亲密到危险程度的兄妹俩，他们一起钓到了面具，并借此而得以彼此分离开来，因为哥哥把这些面具当作嫁妆送给了年轻姑娘，而她在拥有了这些财富之后就有条件找到丈夫。然而在夸扣特尔人的神话里，最初从德佐诺克瓦人那里得到的铜盘也在外族通婚中扮演着同样的启动角色：年轻的妻子从父亲那里得到了铜盘，然后把它们送给自己的丈夫。这样一来，她的行为举止也像德佐诺克瓦（德佐诺克瓦也是青春期首饰的启蒙者，戴着它意味着姑娘已经成熟，可以结婚了），不过它们展开的方向恰恰相反：德佐诺克瓦从一个家庭里抢走了孩子，然后它自愿或不自愿地把铜器让给这个家庭。与之对称，年轻的妻子把铜器带到丈夫家里，然而她在生了孩子之后把他们从丈夫那里劫走；原因是在这个社会里，父系氏族和母系氏族的原则一旦发生冲突，妻子的家庭将行使对孩子的拥有权。德佐诺克瓦[①]用背篓来带走劫持的孩子，年轻的妻子同样也用背篓来把她送给丈夫的铜器带走。

117

经过这些考察之后，我们得出了一个结论。夸扣特尔人从萨利希人那里借用了思威惠面具，它们的新名称祖威祖威与旧的名称几乎没有两样，并且保存了同样的造型特征。他们发明了德佐诺克瓦面具，并把它们传给了萨利希人。德佐诺克瓦面具从造型上和仪式上的使用来说与思威惠面具截然相反，然而在社会和神话方面它们保持了思威惠面具与铜器相关联的以及作为财富分发者的根本特征。结果，至少在这个例子当中，当造型形式保存下来的时候，信息的内容反了过来（祖威祖威面具代表着吝啬），反过来说，当信息保存下来的时候，造型形式则反了过来。这种奇特的转化促使我

---

① 德佐诺克瓦是传说中的一个民族，好几个印第安部落都有关于它的传说，并且在祭礼当中使用代表它的面具。作者在本段中讲的是几个印第安部落的神话以及祭礼在结构上的共通之处。——译者注

们想到它的应用范围。它是不是仅仅局限于世界上一个狭小的区域里彼此相邻的两种面具？或者它的应用范围可以扩展到其他的造型形式，其他的时代，以及其他的地区？

在这些课程的条件下我们不可能把问题面扩展得这么宽阔。然而另外一个相对狭窄的问题依然有待解决。怎么解释祖威祖威面具与地震的关系？这种关系在萨利希人的思威惠面具里已经有所显示，只不过处于次要的位置。在这之前我们已经多次表明，萨利希的思威惠以及夸扣特尔的祖威祖威-德佐诺克瓦情结与铜的起源有关。只有在打破神话的范式、把阿塞帕斯坎人关于铜的起源的神话故事包含进来之后，我们才有可能回答最后的这个问题。

下面的事实使我们更有理由这样做：太平洋沿岸各个部落使用的美洲本地的铜来自北方；阿塞帕斯坎人是他们北方和东北方直接的邻居；他们的炼铜水平高于海岸线地区的群落以及北方的爱斯基摩人。更有甚者，阿塞帕斯坎人关于铜的起源的神话和弗雷泽河流域的萨利希人关于思威惠面具的起源的神话一起，表现出令人惊奇的对称和互补关系。我们以前说过，萨利希人的神话唤起直接亲属——兄妹之间——结合的危害，钓取面具为年轻姑娘提供了外婚的条件，从而结束了兄妹之间危险的结合。

118

阿塞帕斯坎人的神话故事看来像是解释铜的起源，但实际上是解释铜怎么变得稀少了。故事的情节发展恰好反了过来，因为在故事里，一个妇女首先是被强迫出嫁外族，逃婚之后她回到了近亲那里，告诉他们她在回来的路上看到了一座闪光的山峰，山顶上有质量更好的铜，并告诉了他们铜的具体地方，但她受到了近亲的奸污。为了报复，她和铜一起陷入了地下，使其变得难以提取。

所以在这些神话当中，铜从陌生人那里通过妇女的中介来到了近亲这里，即恰恰与萨利希神话的思威惠面具以及夸扣特尔神话的铜本身所沿循的道路相反：后者是从妇女的近亲那里通过她的中介，来到陌生人的丈夫那里。然而这还不是全部，因为阿塞帕斯坎人的神话同样与地震的反面相关联：通过某种退化，大地又把金属财富遮掩起来，把它们从人类那里夺走，仅仅偶尔地在地震的时候敞开自身把这些财富透露出来。为了指定强度不同的地震，思威惠和祖威祖威面具佩戴着球拍形状的打击乐器，它们的功能与古希腊的普卢塔克（Plutarque）所描写的古埃及的类似乐器的功能相对应（《从蜂蜜到烟灰》，346～347 页）。

从神话学、社会学、礼仪和技术的广泛的整体上看，某些面具与地震、鱼类以及铜器之间持有的三种关联得到了证实。尤其具有意味的是，太平洋另外一侧的发现也印证了这种关系：研究表明，在日本的信仰中，鱼类、地震和金属财富也有同样的关联［奥文汉德（C. Ouwehand）：《鲶绘以及它们的题材》，莱顿，1964 年］；再往远处，考古发现的中国周代木雕表现的吐着舌头、双眼突出的怪物，它们与思威惠面具极其类似。这些巧合或许是出于偶然，但是人们在美洲西北部发现了史前的黑曜石细石器工业，它与西伯利亚和北海道已知的类似的工业实在是太接近了。在日本，我们看到当地的信仰把金属比作大粪，同样的联系也出现在阿塞帕斯坎人当中（他们把金属称作熊屎或海狸屎），而在更南边的萨利希人居住的地区，像汤普森人（Thompson）和舒斯瓦普人（Shuswap），他们说铜最初是以充满大粪的金属球形式出现的；思威惠面具则以自己的方式，在面具的造型上把作为对立物的鸟和鱼联系起来。

最后，在日本的信仰当中，地震使社会运转停顿下来，但它似乎也充当着富人与穷人之间的介体；同样，根据前面援引的萨利希人的神话，最初仅仅最有特权的人才拥有的铜器变成了天上的彩虹或者太阳，神话还进一步具体地说，它们以后将照耀着整个大地。

铜首先作为思威惠面具以暗喻和贵族的形式从天而降，现在它又以从某种意义上说是“民主化”的形式升回到天上，我们走过的路程完成了一个循环。更有意思的是，在研究的整个地区当中，被看作是地狱的太阳或从水里钓出来的铜如此之耀眼，只有思威惠面具或祖威祖威面具才可以借助以自身的柄支撑起来的、向前突出的双眼而直接观看；因此铜完成了对立物之间的婚缘；在一些以亲系之间的紧张关系为特征的社会当中，所有的婚姻实际上都处于这种状态当中，由于这种紧张关系，内婚和外婚两种相互冲突的原则之间的调停变得至关重要。

所以正像人们已经指出的那样［温格尔特（P. S. Wingert)：《美洲印第安人雕塑》，60 页，72 号，纽约，1949 年］，思威惠面具 *120* 并不仅仅在比例和形状上与在美洲西北部太平洋沿岸的部落的思维和经济生活中占有重要地位的、刻有纹章的神秘的铜盘相像。所有事实都指向这样一个假想：这些面具和铜器实际上是从同一组主题出发的演化过程的结果。在萨利希人那里，思威惠面具实际上等同于铜盘，就像在更北边的部落用铜盘来取代思威惠面具一样。这些铜盘使用不同的材料和风格，在造型方面进行了调位，但却保持了面具所有的社会角色以及它们的哲学意义。

第十六章　重温埃斯迪瓦尔

(1972—1973 学年)

121　在周一的讲座当中，我们分析了 15 年前第一次出版的对埃斯迪瓦尔（Asdiwal）武功歌的研究（《高等实验研究院年报・宗教科学》，1958—1959 年，3～43 页；新版收入《结构人类学》第二卷，第九章，巴黎，Plon，1973 年）所引发的讨论和批评。这些批评主要来自玛丽・道格拉斯女士（《神话的意义：特别参照埃斯迪瓦尔武功歌》，载于利奇：《对神话和图腾的结构研究——社会人类学家协会论文集之五》，伦敦，1967 年）和科克先生（《神话，以及它在远古和其他文化中的意义和基础》，剑桥—伯克莱—洛杉矶，1970 年）。

我们不敢苟同与舅舅女儿的婚姻在钦西安人（Tsimshian）那里并不常见的说法。除了已经收集并发表的材料之外，我们援引了罗斯曼（A. Rosman）和鲁贝尔（P. Rubel）最近发表的分析（《与我的敌人同席共宴：西北部社会中的等级和交换》，纽约，1971 年）。它们证实这种婚姻属于优先的选择，与之相对应的是妇女的提供者和接受者的结构区别。反过来，接受者的社会地位并不像这些作者认为的那样总是高于提供者的地位。我们的感觉是他们之所以这样假设，是因为他们混淆了炫财冬宴的准备工作和炫财冬宴本身：准备工作是由提供者的亲系操办，接受者的亲系打帮手；炫财冬宴本身的对象则不是接受者，而是扮演见证人角色的第三者。在这样一个系统当中，宾客家族和父亲家族之间的经济关系主要体现在借用以及其后的必须偿还；父亲家族的帮忙不仅仅出于请求，而是必须尽的义务，但这并不意味着父亲家族在社会地位上高人一等。对钦西安人来说，结婚过程通常不言而喻地包含四个亲族：新郎与新娘的父亲和父亲的姐妹的家人，以及他们各自母亲和她的兄弟的家人。如果把这四个亲系在一个一般的交换系统中分成等级，并把接受者永远置于提供者之上的话，我们就不可能理解为什么在当地人的描述当中，两个主要亲系（新郎或新娘的母亲和舅舅）之间的交换与两个次要亲系（新郎或新娘的父亲和姑姑）之间的交换遵循着严格的平行关系。按照前面的假设，新郎的亲系与新娘亲系之间的社会地位的差别一定要比新郎或新娘各自的近亲之间的社会地位差异要大才对。 122

恰恰相反，在一个把社会分成种姓或阶层的等级分明的环境里，亲系之间似乎可以相互竞争，并且通过联姻来改善它们在一个共有的等级制度之内的相对地位。所以我们不相信在社会地位的阶梯之外，还存在着另外一个由婚姻地位构成的、存在于提供者与接受者之间的一成不变的等级关系。另外，至少有一个关于一位王子的神话讲到，王子的家庭一反常态，强迫他从父系亲族里娶妻子。

这个神话从一个违反常理的角度有意地、系统地把所有社会现实加以调换，它实际上讲到了不止一种类型的、被他逐一摒弃的一系列婚缘：男主人公在开始的时候险些娶了另一个男人，然后又拒绝与血缘关系过近的堂姊妹结婚；到了故事的最后，他理所当然地拒绝了与自己的亲生妹妹的乱伦婚姻，并且解除了从前秘密地与一个遥远的水神签订的婚约。结果**恰恰相反**，神话中没有提到的、与表姊妹之间的婚姻看来是唯一可行的办法，因为他一一尝试过的其123 他所有种类的婚姻都失败了。

对这个神话的分析丰富了对埃斯迪瓦尔武功歌的评论，因为两者的情节发展十分类似，唯一的区别在于男主人公娶来的嫉妒成性的神一个来自天上，一个来自地狱；神话最后采纳的母系婚姻最后也像别的神话那样以失败告终。不过在具体讨论这一点之前需要消除一些误会。我们以前指出埃斯迪瓦尔的母亲与一只神鸟之间的婚姻具有强烈的入赘色彩，原因不是在于围绕婚姻的情境，而是在于这样一个事实：尽管丈夫是一个地位高于他的婚盟对象的神，他同样必须作为接受者向他的提供者们提供报偿，并且在他们讨还女儿和外甥女的时候加以回避。不仅如此，年轻的母亲得以选择儿子的名字并把它公布开来，在现实社会当中，这些都是父亲和他的亲系的特权。在澄清了这一点之后，我们就可以把埃斯迪瓦尔的神话故事与刚才分析过的故事平行地放在一起。如果像我们表明的那样，这个神话构成了康德意义上的、对钦西安人赋予优先价值的婚姻形式以外的所有婚姻形式的批判的话，我们是不是可以找到与埃斯迪瓦尔武功歌类似的其他的故事呢？男主人公娶到了恶意的太阳的女儿，她强迫他去经历一些公认是致命的考验。这个婚姻同样也把接受者的他置于低于超自然的提供者的位置。然而我们的尝试表明，把这个情景看作是对诸如女婿应向岳父岳母尽义务等真实社会条件的反映纯属徒劳。因为，尽管在钦西安人当中确实存在这种女婿的义务，[岳父们绝对不会从尝试在肉体上摧残女儿和女婿中获得好处。] 然而在神话当中，通过某种研究视角，我们援引的片段恰好构成了实际生活的反面。

值得从这一段神话故事背后发掘的，不应该是某些特定的实际生活条件，而应该是美洲神话表现的、在彼此之间非常不同的社会里对这些生活条件的处理方式（参见 R. H. 罗维：《北美神话中的考验主题》，载《美国民间传说期刊》，XXI，97～148 页，1908 年）。凶手岳父要么是一个担心外甥会接替自己，或者是在他还活着的时候来勾引他的妻子的舅舅；要么像在这里，一个陌生人或者在把自己的女儿嫁给男主人公之后产生了嫉妒，或者压根就反对他们之间的婚姻。然而实际上在钦西安人那里，女婿承担的服务完全类似，尽管在对舅舅进行服务的时候，最终可以娶到他的女儿的年轻外甥并不表明自己的身份。在这些条件下，我们认识到，埃斯迪瓦尔与一个陌生的并且是神仙的女性之间的宇宙婚姻和他的儿子沃克斯（Waux）与表妹之间的社会婚姻构成了对立。前者表现的是后者的反面，就像是无限遥远的婚姻相对于在良好的距离内结成的婚姻；然而在同时，第二种婚姻在它那里表现出了一幅令人瞠目的、充满痛苦的图画：舅舅与外甥之间没有任何使两者亲近的亲属关系，两人之间有时候实实在在的敌对情绪会发展到如此糟的地步，以致一个人终于起意要谋杀另外一个人，就好像是岳父与女婿之间的对立污染了舅舅与外甥之间的友谊。所以我们看到的是两种婚姻都涉及母系模式，一个从反面以消极的方式谈到它，另一个虽然从积极的方面表现它，但它并不显得更为成功。在埃斯迪瓦尔的宇宙型和家庭型的婚姻之间还有两种可以成为政治型的婚姻，原因是婚约是与陌生人签订的，但它们也都失败了。其中一个的失败原

124

因是 一群兄弟与他们的妹妹之间的友情更深厚：丈夫被妻子的母系亲族抛弃了；另一个婚姻的失败原因是父亲与儿子之间的友情更深厚：妻子被丈夫的亲系抛弃了。这样，四个婚姻构成了一个封闭的系统，它的组织结构实际上比我们 1958 年的研究所显示的要更加严密。

然而我们的批评者使用经验主义方法，这使他们无法利用神话主题之间的依赖关系来阐释这些主题；他们把这些主题一个一个分别地仔细研究，然后声称从它们当中发现了相同数目的真实的社会条件。所以，为了解释埃斯迪瓦尔的儿子沃克斯的表妹兼妻子表现出来的迟钝和贪吃的习性，他们说这是以间接的形式来表示妇女是低等存在物，男人是高等存在物；他们还说这是与社会现实直接联系的、实实在在的评论。他们对埃斯迪瓦尔的三个妻子也这样进行了抽象概括，尽管神话恰恰相反地赋予她们所有良好的道德和家庭美德，而这些美德根本不会为任何女性低劣的论点提供证据。不仅如此，他们还对这样一个事实视而不见：和西北沿岸的其他所有社会相比，钦西安人对妇女表现出非同寻常的尊重和体谅，她们和男人一样在秘密社会里进行接纳礼仪，有能力继承超自然的威力，在炫财冬宴上积极活动，并且在必要的情况下承担酋长的职责。他们所说的道德上的判断不仅仅是任意武断。神话里没有任何其他部分可以提供佐证，现实的社会条件表明了其谬误。他们自以为用神话抓住了现实，从而假设一些想象中的社会条件。

125

声称埃斯迪瓦尔与他的内兄弟之间的对手关系与炫财冬宴上观察到的行为类似的说法也同样没有根据。大家现在都同意把炫财冬宴看作是一个公共的和法律的活动，节日期间，特别召集起来的见证人感激地接受丰富的礼物，用在场的方式赋予他们的东道主享有某种头衔、晋升某种社会阶层或获得某种新的身份的权利。埃斯迪瓦尔武功歌里出现了三个炫财冬宴：第一个是宣布男主人公的名称和身份，第二个是授予他一个荣誉头衔，第三个是他自己决定再得到一个头衔。对于不了解我们的用法的民族学家来说，把私人纠纷等同于这些法律程序无异于把打牌取乐中作弊者之间的争吵和在公证人监督下解决遗产继承问题的逐一的步骤混为一谈。

最后，这些研究声称，埃斯迪瓦尔的遭遇可以通过对过于成功的萨满教巫师的嫉妒来加以解释：他们进一步称埃斯迪瓦尔是一个非常成功的萨满教巫师。这实在是错得不能再错了：神话故事在好几个地方都强调说，埃斯迪瓦尔是一个很棒的酋长；在钦西安人那里，酋长的位置与萨满教巫师的位置正好相对立。有一个版本或许说埃斯迪瓦尔来到了苦难当中的海豹的国度，它们受到了某种瘟疫的折磨，但它们的苦难的真正原因是埃斯迪瓦尔本人射出的箭；所以他装作是一个萨满教巫师来给它们治病，趁它们不注意的时候把箭拔了出来。结果，即便是在这个非常特别的场合下（埃斯迪瓦尔假装别人），神话也明确无误地让他不具备萨满教巫师的能力。不仅如此，只有倒霉的萨满教巫师才会嫉妒更有神力的同事并不时想办法把他除掉：但我们在故事中也找不到一丝痕迹表明埃斯迪瓦尔的内兄是和他处于这种关系的萨满教巫师。 126

科克先生也重复了道格拉斯女士的批评；我们前面的答复同样也适用于他。我们还要加上另外几个专门为他准备的答复。沃克斯的贪吃的妻子并不类似于我们已经把其主题分离出来的“贪吃蜂蜜的姑娘”（《从蜂蜜到烟灰》，第一部分，Ⅲ）。实际上，与科克先生的观点相反，这个人物并没有忽略孝敬丈夫的父母的义务。正好反过来，是妻子把女婿应该献给岳父母的礼物扣留了下来，从而不让丈夫完成孝敬她的父母的义务。除此之外，科克先生还主张在解释奈斯河（Nass）和斯吉纳河（Skeena）两个版本中两个妇女的相反的角色时使用下面这样一个所谓的事实：为了捕获烛鱼，奈斯河沿岸的居民需要沿河而上，而斯吉纳河沿岸的部落从前则需要顺流而下。这完全是无视这样的历史事实：不管是过去还是现在，烛鱼的捕获场所都在奈斯河下游的格林威尔附近、离入海口将近20公里的地方。除了本地的居民之外，尼斯嘎人（Nisqa）需要从山谷里而不是河流里下来（因为在这个时期河流依然封冻着），没人会往上走。再者，如果使用这种解释的话，主人公上天入地的行程和实际生活中的哪些东西相对应呢？他从东向西、从西向东的行程可以从实际生活中找到对应，这个行程与主人公在想象世界中的从下到上、从上到下的行程一起构成了一个系统。研究观察到的它们两者之间的对称铭刻在神话而不是实际生活的疆域当中。

127

另外，同一个作者还提出另外一个解释来取代我们的解释。但他的解释的出发点实在是对实际生活材料太过于熟视无睹了：斯吉纳版本的故事发生在冰冻三尺的河上，两个妇女找到的唯一食物是烂掉一半的浆果，这暗示着鱼还没有出现在那里；而在奈斯河的版本中，两个妇女分别带来了自己的食物，一个带的是一小块鱼子，另一个带的是一把浆果，说明鱼子“尽管数量稀少，但已经可以得到了”。这种解释导致了这样一个离奇的结果：鱼子竟然在鱼之前游往河流的上游……除了无视当地的生物条件之外，他还无视现实中的社会生活条件：他解释说，奈斯河的版本轻描淡写地提到的埃斯迪瓦尔的姨妈的女儿实际上取代了斯吉纳河版本中埃斯迪瓦尔的儿子婚娶的表妹；这样一来，所有地方都提到了与表妹结婚的危险。认为这种婚姻造成危险的观念实际上是一种与现实环境的出乎意料的脱节（因为作者总是声称严格地忠实于现实），因为像我们表明的那样，在钦西安人那里，表兄妹结婚是标准的习惯；作者只是忘了如果我们的社会里存在包括交叉的和平行的堂表兄弟姐妹的范畴的话，钦西安人则具有一套与易洛魁人类似的亲属关系词汇，在那里，平行的堂表兄弟姐妹被称为“兄弟”或“姐妹”，与交叉的表亲关系正好相反。在这两种系统当中，母亲的姊妹的女儿被称作“姐妹”，从婚姻的角度上恰好与“表姐表妹”相反，而当地人的范畴使人们无法鉴别她们。

科克先生还声称把我们关于博罗罗人的两个神话的解释（《生食和熟食》，索引 M2 及索引 M5）驳得体无完肤，并用他自己的解释取而代之。他的解释的确非常不同，因为作为杰出的古典研究专家的他对法语的了解程度大概不及他所精通的古典语言：他竟然把白蚁翻译成了“食蚁兽”！这种误解导致了一种充满别致的画意的解释，抓住它不放实在是不够仁慈。

128

在讲座的另外一个部分，我们又根据博厄斯在 1895 年出版的印第安人神话传说的版本重新对埃斯迪瓦尔武功歌进行了分析。出于以前解释过的原因，我们过去没有对它给予足够的重视。比较研究不仅仅证实了我们以前的解释，它同样还使我们能够以更加经济、更富有表现力的方式来表达它们；并使我们能够从一般的意义上提出“遗忘”主题在神话中的作用和语义功能的问题。这些神话不仅来自美洲，它们还来自世界的其他地区。等到这个简介问世的时候，这些讨论将收入另外一个单独出版的书籍之内（《结构人类学》，第二卷，第九章附录），我们想把它暂时搁置下来。

第十七章　美洲的圣杯

(1973—1974 学年)

129　这一年教学量有所减轻，我们利用这个机会进行了一种新的尝试，如果把它运用得更加广泛的话，就会显得富有冒险性。实际情况当然不是这样，因为如果真的能对文学色彩浓厚的、关于圣杯的传奇故事和北美洲印第安人的某些神话进行比较的话，我们就可以声称揭示了在双重意义上质地不同的材料之间的历史联系。我们尝试的东西完全不同。如果圣杯传奇中还保留着神话成分的话，那它们只能以痕迹或残余的形式表现出来。这就是为什么反对者对认为这些成分来源于克尔特人的假设提出双重的批评。一方面，他们说假设应该从各个方面寻找论据，然后把分散在高卢和爱尔兰传统中的那些微小的细节重新组合成一个任意的镶嵌图案；另一方面，这些与周边环境无关的成分又以本来的样子出现在大量的神话传统当中；所以它们反映的不是某一个具体的神话，而是所有神话的共同基础。

这种说法不无道理。然而我们也可以在另外一个与古代欧洲和克尔特地区完全隔离开来的神话中，想办法证明这些成分在那里会不会倾向于彼此再度衔接起来，并借此把这个论据调转过来。在这种情况下，它们不再像是没有生命力的、任凭任何故事叙述者随意更改的原材料，而是变成了约束规则的诊断记号，在这里和那里迫使它们以同样的方式衔接起来。如果在彼此截然不同的历史和地理环境当中都能观察到这种现象的话，我们就应该研究这些约束到底是什么；并且在假设它们也是欧洲的圣杯故事的来源的情况下，看它们可不可以帮助我们澄清这些神话。从这个侧面出发，我们或许可以成功地在它们和被认为是起源于它们的克尔特神话之间重建一种更加牢靠的联系。总而言之，我们主张通过这种间接的方法来表明在世界的另外一个地区，构成神话的成分可以依据同样的法则得到澄清，并借此重建圣杯故事的神话本性。 130

在大湖区的阿尔冈金人中流传着一些与圣杯故事出奇相似的神话。由于一些年轻人行为不端，对玉米的态度傲慢，大地变成了一片废墟，饥荒随之而来。主人公开始了一场寻索，最后他找到了化身成断了脊梁骨的老人的玉米神，老人拥有一个可以无穷无尽地带来食物的小锅。在了解到东道主和他本身的不幸遭遇的原因之后，主人公获得了新的能力，医治好了老人和他本人的疾病。在加利福尼亚州北部不从事农业的莫多克人那里，同样的神话发生了两点重要的变化：断脊梁变成了断胳膊，一个由祖母在与世隔绝的环境中带大的主人公治好了胳膊；他用这只胳膊为先前遭到屠杀的所有亲人复了仇。从这里可以窥测到，在圣杯故事当中，一支断剑如何得以出现在有魔力的圣杯的旁边，为什么家族仇杀可以起到失去与找回的富饶的综合变量的作用。阿尔冈金人本身还阐明了另外一个圣杯故事中描绘的转变：从不可穷尽的小锅到流血人头的转变；然而在美洲，它本身就是一个可以产生源源不断的财富的杯子。尤其有意思的地方是，我们面前出现了一只天鹅，它是另外一个世界的国王的女儿（或姐妹），也是主人公寻索的对象；我们知道，圣杯的故事把圣杯国王的降临和这只天鹅之间紧密地联系起来。最后，如果说主人公胜利地娶到了年轻姑娘的话，那是因为他没有向她求婚。所以，没有提问的答复的主题也出现在这里。

131 通过研究直到近期依然完整地保持着神话本色的美洲的民间故事，我们看到寻求家族仇杀在那里转变成了寻求摆脱诅咒，流血人头的主题转变成了不可穷尽的小锅的主题。最后的这种重叠在很大程度上可以通过猎人头的习俗来解释；证据表明，在古墨西哥，祭礼坛子的支架是由脊椎骨做成的。更有甚者，许多迹象表明克尔特人也有猎人头和猎取带发头皮的习惯。

易洛魁人的神话使我们能够解释第三个或第四个副版。圣杯文学的专家们似乎经常为在故事讲到的两种神奇食品之间的对立感到尴尬：当圣杯像依照菜单源源不断地涌出做好的饭菜和各式各样的饮料的时候，这是世俗的食物；此外圣杯还提供神奇的圣体饼，当人们有意把一个故事人物看作是残疾国王的多余的对偶的时候，它是他赖以生存的唯一食品。然而在易洛魁神话当中，这个人物完全变了一副样子：他瘦骨嶙峋，只需要一小块栗子或一丝烟草就可以存活下来，他是单纯的年轻主人公的叔舅或兄弟。有一天主人公偶尔在谷仓里发现他躺在那里躲着。出于天真，小伙子笨手笨脚地试图喂他吃饭，结果弄丢了神奇的食物；他于是来到了另外一个世界来寻找这种超自然的物质。对主人公童年时代的描述，他的无辜的种种例证，家人遭到屠杀之后他身边出现的非同寻常的女性亲人，所有这一切都栩栩如生地唤起了克雷蒂安（Chrétien de Troyes）和沃尔夫勒姆（Wolfram von Eschenbach）的作品。我们还可以看到故事里还有一个人物，他的长长的眼皮一直拖到膝盖上，使他看不到东西；除了在俄罗斯和中世纪的高卢传奇（Mabinogion）中描写的威尔士外，我们在总体的神话中看不到这个人物的痕迹。[①] 最后，易洛魁人的某些版本还把一个主人公的重身加到了他的探求当中，这个重身除了两种颜色的头发之外与他一模一样。在圣杯故事中这个重身名叫菲勒费斯（Feirefis），是主人公帕尔齐法尔的善良的兄弟，并陪伴他成功地找到了圣杯，在中世纪的高卢传奇布兰温（Branwen）部分中他是异母兄弟。确实，如果在易洛魁人的某些版本中这个双身是一个吃人上瘾、需要加以治疗的人物的话，不要忘记布兰温 的异母兄弟一方面会带来危害、另一方面则乐于助人；菲勒费斯则是一个有待归化的异教徒。另一方面，易洛魁人的神话和阿尔冈金人神话之间的联系从三个方面得到了证实：另一个世界的人物化身成的水鸟；几个易洛魁神话中描写的产生无穷无尽食物的小锅变成血淋淋的、其眼泪会变成宝石的人头；最后是从其他版本回归到断了脊梁骨的男性人物，它通过外族婚姻的女婿来展示一种圣杯的化身。

132

太平洋北部沿岸的印第安人不从事农业活动，但是他们中间流

---

① 今天我倾向于把日本加进去。在日本传说当中，10 世纪的主人公遇到了山姥，她的乳房一直垂落到膝盖上，她还需要使用一支小棍来敛起眼皮；还有，在其他的上下文里，神狸塔努基（Tanuki）的阴囊如此之大，可以像大衣一样把他裹起来；还有名叫因卡达-松加（Inkada Sonja）的神仙，他的眉毛一直拖到脚上：这是同一个神话主题反复出现在克尔特、斯拉夫、日本和美国等地区的例子当中的一个，它造成了比较神话学中最令人困惑的难题之一。

传着同样的神话系统，只不过其中的务农变成了狩猎。它们讲的是一个王子的故事，在闹饥荒的时候，他找到了母亲藏在一个小盒子里的折叠起来的鱼干，把它送给了饥肠辘辘的奴隶。结果，鲑鱼们劫持了年轻人并把他带到了它们的国王那里，因为他的举动治好了国王的瘫痪。由于人类不遵循捕鱼的仪式，这种瘫痪使得鲑鱼在春天的时候不再游往河流的上游。与易洛魁人的神话类似，一个重身也出现在了故事当中。与阿尔冈金人一样，同一个地区的其他神话 133 讲到了一个女性的天鹅：她的父亲是一个拥有无限财富的海神，受到了主人公的拜访。这个海神也是一个仰卧着的残疾人：人们有的时候说主人公无意中造成了这种伤害，所以只有他才可以把伤治好。鲑鱼的国王和财富的主人居住在大海之外的王宫里，受到一扇不停地上下起落、把胆敢试图越过门槛的人切成两半的大门的保护。我们知道圣杯的城堡也设有类似的防护设施。

所以，美洲相当数量的神话讲到了一个超自然的人物，由于主人公或他的同族**做了不应该做的事**而受到了伤害。从表面上看，这种格式把圣杯故事的格式调转了过来，因为圣杯故事中的主人公**没有做应该做的事**，即提出一个或几个问题。然而即便在美洲，提问也属于不礼貌的行为。这个主题以直接的形式在神话中显示出来：或者是像我们讨论过的那样，主人公没有做人们期待他做的事情从而导致了他的寻觅的失败，或者是他在财富主人的短暂的逗留期间，成功地了解到了获取它们的秘密。也许西北沿岸的神话与圣杯的故事更加接近，因为另一个世界的国王以鲑鱼或海神的样子出现，两者都由于人类的过错而变得残疾；而圣杯故事中的国王则是一个拥有无限盈余的渔夫。在同样的神话当中，我们注意到了一种武器（硬树皮做的夹板）使神致残，另外还有一个与沃尔夫勒姆版本的圣杯故事类似的圆石头，用来防御死亡并释放聊以为生的食物。仪式举行的地方是难以进入的、大海之外的另一个世界。给神治好病的是一个开始被认为是鲁莽又头脑简单但具备成功的潜质的小伙子。这个主人公最终决定透露他的东道主的神秘的生活和秘密（在美洲是玉米和鲑鱼的仪式，他把它们告诉了人类）；最后是他参加的仪式：以哀诉开始，最后以喜悦告终。圣杯传奇中可以被称为诸说混合的模式显示，它与可以通过美洲神话建立起来的诸说混合的模式恰恰构成完美的对等；两种神话共有的各种各样的细节都加强了这种印象。

134

怎么解释这些类似之处呢？我们一上来就放弃了古老的旧石器层面重新在旧大陆和新大陆浮现出来的假设；这并不是因为它不可想象甚至不大可能，而是因为这种假设无法加以示范。随之而来的是另外一种假设：它是发生在近代的、通过加拿大的“树林穿越者”的中介，从欧洲 17 世纪和 18 世纪民间传说借用来的；这种假设不是没有可能，因为直到 19 世纪，我们还可以在布列塔尼（Breton）的民间传说中找到圣杯故事的回音。然而，美洲本地神话的多种多样的寓意，它们在每个文化中表现出的独有的特征都是这种假设的反证；通常每当神话借用发生的时候我们总可以发现具体的迹象，但是我们找不到任何迹象来支持美洲神话是借用物的假设。可能保留下来的东西充其量是某些神话中的一个关于拜访鲑鱼王国的细节：变成鱼的主人公由于脖子上戴的铜链而被辨认出来，大概可以看成是再现了源于爱尔兰而在一个法国传说中保留下来的关于天鹅孩子的故事。至于其余的部分，比较的结果看来是否定性的：欧洲的和美洲的神话故事只是在一般的布局上相同，然而表达这种共同形式的内容彼此之间如此不同，整体上与欧洲的寓意如此相异，使得我们无法设想这是借用的产物。

需要补充的是，太平洋沿岸的神话以它们自己的方式构成了一种宫廷文学：它们的不同的翻版至少在部分上用来追溯贵族亲系的起源，为他们的自命不凡寻找依据。易洛魁人的社会可能具有更加民主的特征；但是它的那些被我们了解到的神话似乎在地方的智者们那里已经成形。不管怎么说，美洲的神话显然比欧洲的关于圣杯的种种传奇更加接近古代神话的底层；因为欧洲的传奇在一些我们几乎一无所知的古老故事的基础上经历了各种各样的发挥，而我们仅仅能够透过本身已经大大改变、支离破碎的克尔特文学对它们模135 糊地了解个大概。美洲的情况表现出起码是相对的优势；借助这些优势，我们至少可以在这个特殊的例子中试图达到这个神话的底层。

密苏里河上游的曼丹人（Mandan）部落的一个奇特的神话大概把它保存得更好。故事讲的是一位女神，她既是不可穷尽的小锅的主人，也是随季节迁移、因而标志着农活的开始和结束的水鸟的主人。有两个一模一样的兄弟，他们之间唯一不同的地方是一个富有智慧，另一个疯疯癫癫。他们前来拜访女神并在她那里住了一年，之后他们又回到了天上的岳父母雷鸟那里。但是由于其中的一只雷鸟脚上有伤而致残，它们无法再上路给人类带来使大地肥沃的雷雨。兄弟俩治好了雷鸟的伤残，等到来年，一年四季又得到了恢复。与阿尔冈金人、易洛魁人和西北沿岸的其他部族一样，我们看到的是一个关于交流中断的主题的神话。

圣杯的传奇故事会不会也构建在同样的主题之上呢？在这里，克雷蒂安·德·特罗亚的优美的故事，它的惊人的成功，它对后来无数效仿者和继承者的吸引力，这一切不可能是因为它忠实于某个我们如今已经看不见摸不着的神话。解释应该来自纯粹形式方面的、对某种框架的直觉。事实上，圣杯故事的全部版本都是为了解决一个交流问题：开始的时候是体质上的，因为伯斯华（Perceval）的父亲腿受了伤，运动技能受到了妨碍；很快这种妨碍便转移到了道德的层次上，因为主人公的母亲看着他，不让他讲话过多，结果白花[①]以为他是哑巴，而他到了圣杯城堡后没有提问期待的问题。

伯斯华意识到自己本应该提出这些问题，所以他没有得以与他人进行交流；然而就在同一时刻他猜到了自己的名字，也就是说他第一次成功地与自身进行了交流。不仅如此，作为这种双重顿悟的原因或机会的人物是一个与他素不相识的、朋友刚刚被砍掉头的姑娘，她还给伯斯华一把注定会在第一场搏斗中折断的剑；这里的象征暗示着物质交流上的双重失落，分别是与自身的（没有头的身子）交流或者是与他人的交流（折断的剑）。伯斯华以后的所有冒险都符合“永远不笑的少女”的预言，她打破了沉默，开始了交流。

136

亚瑟王的宫廷也是一样，它永远不停地移动，它的国王在听到任何消息之前拒绝把它停下来。这个运动中的、地面上的宫廷永远不停地提问（克雷蒂安的版本与第一个续集的版本都是这样），似乎与圣杯国王的宫廷正好对称：另外一个世界的宫廷，静止不动，永远不停地提供答案。两个世界之间有一个需要填补的空间。这种对称还表现在下面的情节中：伯斯华由于没有提出该提出的问题，所以没有能够与圣杯的宫廷联结起来；而出于同样的原因，亚瑟王的宫廷则徒劳地试图与伯斯华联结起来，因为伯斯华没有被问到他到底是谁。当联结最终成功的时候，伯斯华又脱离了开来，因为他一看到三滴血，立刻就恢复了记忆，重新建立了一种交流，并断绝了另外一种交流。人们很少指出，我们刚刚描写过的框架同样出现在了普维尔（Pwyll）的高卢传奇的故事当中：被追赶的、处于脱节状态中的利亚农（Riannon）只有在普维尔向她提出一个她同意答复的要求时才可以被接触到；由于对另外一个要求的答复不妥，她

---

① Blanchefleur，圣杯故事中的美丽姑娘，后成为伯斯华的密友。——译者注

重新回到了脱节状态；只有在一个反面的圣杯的帮助下才可以解决这种脱节：这个容器不再是无穷无尽，而是永远无法装满。

或许我们可以假设古克尔特与美洲大陆一样都存在过一个关于受伤的鱼王或者是鸟王（狩猎者）的神话，由于伤残他们无法每年回来，结果使得大地一片荒芜；但是神话的过去如此之久远，我们无法从其后很晚的、本身也没有什么文字材料的文学中找到它们的痕迹。我们应该考虑这样的解决办法：世界各地广泛地流传着俄狄浦斯类型的神话，它们的主题是如何打破一种过分的交流以防止侵犯行为。面对这些神话，我们今年对伯斯华一类的神话进行了比较研究，希望借此建立一种或许是普遍性的对称模式：它的对象是中断的交流，更准确地说是性质相反的、需要以正确的方式重建的交流。

137

这种建议自从法兰西学院开课堂讲座以来不断地得到了发展（见《结构人类学》第二卷，31～35页，巴黎，Plon，1973年），如果能够把它保持下来的话，研究的问题可以进一步扩大：因为归根结底，所有的神话有可能都在提出并解决交流的问题；面对这些过于复杂、无法使其在整体上运作的逻辑推演，神话思维的机制的功能是把一些中继点联结起来，分离开来。

附录

138

1975年我在伦敦法语学院进行了一个与上面的主题非常接近的讲座，皇家人类学学院在双月刊《RAIN》（1976年1—2月，总第12期）上发表了讲座的概要。院长乔纳森·本索尔（Jonathan Benthall）先生友善地准许我借用这个概要来结束上面的简述。

后来我了解到这篇没有署名的、极其优雅和清晰的概要（由于这个原因，我实在不敢下手翻译）出于安德雷·泽夫里约（André Zavriew）先生之手。他当时是伦敦法语学院的院长。我感谢他撰写了这篇文章，并允许我在这里转载。

荒芜之地和温室？①

——列维-斯特劳斯讲座笔记

一位读者写道：

10月23日列维-斯特劳斯教授在伦敦法语学院发表了题为“伯斯华、帕西法尔：一个神话的一生”的讲座，展示了一个神话如何会自我转变。在介绍了出现在克雷蒂安·德·特罗亚的伯斯华的神话故事之后，他又向我们介绍了它的近代的变种、瓦格纳（R. Wagner）的帕西法尔（Parsifal，1882年）。分析的内容十分丰富，这里仅仅可以提供一个简化的和大纲性的概括。

在克雷蒂安·德·特罗亚的作品里，神话似乎还保持着简单或早期的形式。它描绘了两个世界：一个是此方世界的亚瑟王的宫廷；另一个是彼方世界的圣杯城堡。在克尔特的神话里，两个世界之间的通道永远畅通无阻，活人与死者可以自由往来；而伯斯华的故事出现了一个根本变化：两者之间的交流中断了。为了表明这一点，列维-斯特劳斯指出，亚瑟王宫廷的特征表现为不停地运动、紧张和不耐烦，永远地提出一个问题并寻求它的答案。圣杯城堡的特征则表现为静止不动，以及它对一个永远没有提出的问题的等待。伯斯华传奇的中心场景是当镶嵌着宝石的金杯传到他面前的时候，他没有胆量去问“这是给谁用的?”所以，在两个世界当中，一个

139

① 本文译自英文。——译者注

等待永远没有提出的问题，另一个提出永远不被答复的问题。

沃尔夫勒姆的版本（1205 年）保留了伯斯华神话的根本特征，保持了两个没有交流的世界；但是早期神话的简明的双元性在这里开始混淆起来。圣杯不再是雕琢的金杯，而是神奇的、可以向请求者提供做好的饭菜的宝石；但是主人公不可以提出“这个杯子给谁用?”的问题。早期神话的这种混淆的原因是故事引入了东方或基督教来源的成分［特别是通过罗伯特·德波隆德（Robert de Borrond)］；所以，当瓦格纳重温帕西法尔神话的时候，他面临着一些已经失去了本来意义的成分。

为了了解随后发生的事情，我们需要附加一段插曲。如果伯斯华的神话讲的是中断的交流的话，它的对立面存在着另外一个类型的神话，也就是俄狄浦斯的神话或者干脆是神话。列维-斯特劳斯认为，这些神话讲的是一种过度的交流，其特征是对自然周期的谜语、过度繁茂和激增的消解。与之相反，伯斯华神话表现的则是没有答案的问题或没有问到的问题、主人公的童真、荒芜的大地，以及圣杯的“废墟”之地。所以两种神话之间存在着一种系统的对立。

现在回到分析的主线上来。列维-斯特劳斯进一步强调，瓦格纳在对神话的改变中，抓到了伯斯华故事中的双元性，但是由于沃尔夫勒姆对神话的“混淆”使他无法构想出一个包含着两个世界的神话，所以瓦格纳构想出了一个拥有两个神话的世界。他用伯斯华神话和俄狄浦斯神话之间的对立替代了人间世界和其他世界之间的对 *140* 立。伯斯华的神话或世界是圣杯；俄狄浦斯的神话或世界是魔术师克林索尔（Kolingsor）的城堡。的确，我们在帕西法尔的第一幕中看到的，恰恰应和了列维-斯特劳斯所说的**无交流**；因为国王安弗尔塔斯（Amfortas）丧失了活动能力，大地一片荒芜，主人公没有问该问的问题。与之相对，在歌剧的第二幕的克林索尔城堡，我们看到了俄狄浦斯的世界，它表现为顷刻的交流，神秘人物昆德理（Kundry）和帕西法尔的乱伦气氛，尤其是克林索尔表现出来的千里眼的能力；鲜花处女们显示了王国的混乱，并（在另外一个音区）使人想起了希腊古城底比斯（Thebes）的繁茂。

瓦格纳对伯斯华神话的转变具有相互矛盾但同时又逻辑严谨的特征。神话衍生出它的倒影。更准确地说，瓦格纳的两个神话描绘的两个世界之间的矛盾取代了伯斯华神话中的这里的人间世界和那边的冥冥世界之间的双元关系；怎么才可以解决这两个世界之间的矛盾呢？因为一边是刹那间的交流，另外一边则不存在任何交流，瓦格纳的解决办法是某种两者俱全的东西：这就是怜悯，它既是瞬时的，又没有交流。在两种不相容的逻辑之间，解决办法是情感的。这样，列维-斯特劳斯把我们带领到了瓦格纳的音乐世界，领会它的强有力的感情效果。瓦格纳的作品因此与卢梭的《论人类不平等的起源》同属一类，因为在卢梭的著作里，怜悯解释了社会生活从无到有的过渡。

这样，列维-斯特劳斯以他典型的独特性，探讨了20世纪初人类学家们已经相当细致地研究过的资料。在他的1961年的成名著作里[①]，列维-斯特劳斯介绍了他对美洲的结构类似的神话的分析，并暗示伯斯华神话可能是俄狄浦斯神话的某种倒影。最近在法兰西学院的讲座中，他猜想："归根结底，所有的神话有可能都是提出并解决交流的问题；面对这些过于复杂、无法使其在整体上运作的逻辑推演，神话思维的机制的功能是把一些中继点联结起来，分离开来。"[②]

---

① 《结构人类学》第二卷（巴黎，Plon，31～35页）。

② 文载《法兰西学院年报》，第74期，303～309页。

第十八章　吃人风俗以及礼仪上的换性乔装

(1974—1975学年)

141　周二的讲座讨论吃人风俗与礼仪上的异性乔装之间的关系。不过在深入讨论这个题目之前，我们需要仔细看一看吃人风俗的概念本身，因为民族学家们似乎对它渐渐地失去了兴趣；情况发展到了如此的地步，以至于有些人甚至对世界上某些地区的古老的吃人肉传统的存在本身提出了质疑，尽管有许多目击者描写并彼此印证了这种风俗。

的确，目击者的文字常常会令人生疑。在讲座的头一部分，我们对这些见证进行了分析批判，并得出这样一个结论：现存的大量资料使我们无法否认各种各样的吃人肉风俗的存在；它们所在之地不仅仅包括有早期旅行者津津乐道地详尽描写为证的南美洲，还包括不过几年以前的新几内亚，以及印度尼西亚和非洲大陆。

真正的困难在于怎么对吃人肉风俗的各种形式加以分析和归类。传统上使用的外在和内在吃人风俗的区别有障人耳目之嫌：因为在这两个极端之间可以插进无数的中间形式，使得起初的对照消失殆尽。外在的吃人可以通过吃掉把本人的近亲吃掉了的敌人，使近亲的美德与自身融为一体。内在吃人的动机正好相反：委内瑞拉南部的亚诺马米人（Yanomami）把本部落的死者的骨头碾碎后吃掉，认为这样就可以获得精气、抵消谋杀敌人带来的有害的效应，在这里，谋杀被看作是暗喻性的吃人。所以对于他们来说，内在吃人风俗的行为在原本意义上是形象化的外在吃人风俗的手段。 *142*

另一方面，来自南北美洲的材料形象地表明，外在吃人习俗、施刑和对众神的祭献首先是把神当作祭品的形式之间的过渡。我们使用古代图皮南巴人、阿兹特克人（Aztèques）、易洛魁人和平原地区的印第安人的例子表明了这种模式在美洲的普遍性；它还出现在别的地方。所以吃人看来像一种有限的、对他人施刑的形式；但是它往往不过是以公开或隐蔽的形式表现出来的、在他人的协助下对自身的施刑。这样我们就可以建立包含两个终端的类型学：一个终端是把囚犯与他的看守者神秘地等同起来，因为这是对他施加肉刑并吃掉他的先决条件；另一个终端是通过自己或者在亲属、同族或陌生人的协助下对自身施加的肉刑。从这个角度上看，“施刑柱”不过是受难者即便不是寻求至少也是甘心接受的一种超越自身的方式，施刑者与其说是敌人不如说是主祭。顺便提一下，我们看到的这种“原始的”肉刑与所谓的文明社会的酷刑之间没有任何共同之处。“文明世界”的酷刑的效果在于通过违反所有的道德规则来贬低受难人，而不是根据文化接受的正常规则来认可自我超越的努力。

就连进食的准则也无法明确无误地定义吃人的习惯。确实，吃人习俗和猎人头习俗提出的问题相互重叠，我们怀疑是不是没有必要把两个常常形影不离的风俗区别对待。不论是在印度尼西亚的阿陶尼人（Atoni）、坦帕苏克杜孙人（Tempasuk Dusun）和伊班人（Iban）那里，还是在新几内亚的阿斯马特人（Asmat）和玛兰阿尼姆人（Marind-Anim）那里，或者在南美洲的基瓦罗人那里，猎人头的祭礼与古代图皮南巴人的人肉餐之前的祭献在所有细节上都一一相对。

143 最后，不论在哪里，吃人肉的习俗如果存在的话，它从来都不是常规。在非洲、波利尼西亚和美拉尼西亚的许多地区，吃人风俗远远不可以扩展到整个社会群体当中，它是某些当地群体、亲族、种姓或阶层，甚至是某些个人的特权的象征。不论在哪里，它只要显得像是正常的习俗，我们都可以发现以缄默和厌恶的形式表现出来的例外。吃人习俗的不稳定的特性同样也令人吃惊。在我们掌握的从16世纪开始直到如今的所有观察当中，我们看到它们在短暂的时间内浮现出来、扩张开来，然后又销声匿迹。这大概解释了为什么在刚刚接触白人之后并在白人不具备强制手段之前，这些习俗就常常遭到摒弃。

与他人的等同关系在吃人习俗的背后扮演着某种角色；除非意识到这一点，否则我们很难理解为什么这种习俗会以如此不稳定和细腻的形式表现出来。这样我们就重新回到了卢梭关于社交性的起源的核心假设：当代的民族学家们试图用某种进攻本能来解释吃人肉的风俗和其他行为，对比之下，卢梭的假设更加牢固，更富有成果。就此，我们提出了如下问题：动物的行为在经过长期的进化之后变得极其复杂和多种多样，仅仅把人类的某些行为和动物行为任意地放在一起，从而用起源于机体深处的细胞现象的模式来解释它们是不是恰当呢？我们知道，单细胞生物和高等生物所共有的环腺苷酸（AMP cyclique）在高等动物的大脑活动中起着至关重要的作用。但生物学家们对环腺苷酸的研究很难把进攻性描写成一种可以用独有的特征来定义的本能或冲动。如果用一个级度表格来展示从交流到社交性、再从社交性到捕食、直到并归一体的连续不断的过渡的话，进攻性并没有事先标好的位置。它不能用绝对的方式定义下来，因为把这个级度表格加上刻度的是种种文化性质的因素；在每一个独特的情况下，进攻性的临界点的位置都各不相同。[①]

如果从这种意义上来研究卢梭假设的等同关系的客观基础的话，吃人习俗的问题就会以不同的方式提出来。我们关心的不再是为什么会有这种风俗；相反，我们要了解这种或许是社会生活之标志的捕食下限是如何被破除的。吃人风俗的前沿表现得如此模糊，我们无法把它定义为一种定形的习俗；像精神分析学家那样通过我们本身的主观偏见来研究它也会同样的徒劳无效（也没有什么意思）。民族学家能够提出的唯一的问题是：吃人风俗仅仅对那些从事它的人们意味着什么（当它确实意味着某种东西的时候），而不是它自身意味着什么或对我们意味着什么。我们不可能通过人为的方法把它分离出来，进而回答这个问题。相反，我们必须把它放置在一个更加宽阔的语义场当中；这个语义场包含着其他的被它转变或将它转变的状态：某些是外部的，诸如政治关系和亲属关系；另外一些是来自内部，是可以用“反”、“准”或“内在”吃人习俗的概念来定义的文化特征，祭礼中的仪式小丑、疯子或贪吃者等人物被用来区分这些概念。

144

① 参见《裸人》，617页。

那些有吃人习俗的社会的一个醒目特征似乎是妇女在这个习俗中占据异常显要的位置。

就像语言学家们所说的那样，这个特征可以是负性的。证明这一点的是非洲、新几内亚和印度尼西亚的社会，那里的妇女不论是作为客人还是作为食物，在人肉宴上都没有位置。的确，那里禁止妇女食用人肉；或者是进一步（有时是同时）规定女人肉不可以上席。

与之相反，在美洲的许多社会和波利尼西亚的某些社会里，妇女扮演着首要的角色。无论在人肉宴上，还是在人肉宴席之前对敌人的死尸的肢解、对活着的俘虏的折磨等仪式中，她们都十分醒目。所以在吃人习俗中赋予妇女的地位很少是中立的。当一个社会不排除她们的时候，我们或许可以用一个现成的说法，说它在等待她们“添油加醋”。神话本身经常把吃人习俗的起源追溯到一个妇女那里。

145

这些观察同样也适用于猎人头的习俗。前面的分析已经表明，可以把它归类为吃人习俗的一种形式。当勇士们胜利归来的时候，女人们夺下人头并拿它们炫耀。在阿斯马特人和玛兰阿尼姆人那里，猎到的人头可以用来给已经出生的孩子（用受害者的名字）命名；在婆罗洲（Borneo）的伊班人那里，人头则是生育孩子的前提：出身名门的妇女从来不会嫁给一个连一个人头都没有猎到过的男人，庆祝酋长结婚时刚刚切下的人头是必不可少的。

在贝特森（Bateson）出版的对新几内亚的伊亚特姆尔（Iatmul）部落的研究成果中，他对当地的祭礼进行了经典的描写。在他对纳温（*naven*）的描写当中，吃人或猎人头风俗与妇女之间的这种联系表现得淋漓尽致。纳温是用来为外甥举办的庆祝仪式。在仪式上，舅舅装扮成衣衫褴褛的老太婆，扮演小丑；叔伯家的女人则穿戴上武士的服装，装扮成人头猎取者的样子——我们知道伊亚特姆尔人正是猎人头者。我们把这个范式扩展到了别的社会当中，它们主要分布在北美洲，但同样也分布在美拉尼西亚、印度尼西亚、南美洲和非洲。在那里我们看到在某些场合下，妇女们穿上男人的服装或装扮男人的行为举止，男人们也反之亦然。利用20年以前提出的转换规则[①]，这个非常笼统的模式可以用如下的格式描述：女性同族的“女人”功能相对于男性同族的“男人”功能，相当于男性同族的“女人”功能相对于男人的“非同族（＝敌人）”的功能。可是，这种用抽象语言表达出来的等同关系会不会也在实际生活中具有具体的内容呢？这就是我们下一步要研究的内容。 146

英属哥伦比亚的夸扣特尔人用他们的一个女儿与食人怪兽之间的强迫性的婚姻来解释他们的吃人祭礼的起源。在人类与食人怪兽之间，部落忍痛割爱的女子同样扮演着核心的角色。神话的某些版本说，她回到了父母的身边，就在她回归的同时，部落获得或征服了吃人祭礼；其他的版本则称她的父母永远地失去了他们的女儿，因为她在新的家里“扎了根”，但是她依然引导着她的兄弟们，为他们出谋划策、帮助他们。在太平洋的另一侧，在婆罗洲的伊班人那里流传着一个极其对称的神话：一个丈夫（而不是兄弟）因为一个吃人的怪兽夺去了他的亲人而悲痛欲绝（被杀死的妻子，而不是被抢走的妹妹），他来到怪物那里，并且在怪物的妹妹的帮助下战胜了它。在这里，怪物的妹妹同样也在人类和吃人兽之间起着核心或结合点的作用。这样，在上面的两种情况中，妇女的提供者与接受者之间的社会学关系，为神话中的超自然的吃人怪兽与它们的受害者之间的关系奠定了基础。这里的原因不难理解：在外婚的时

---

① 参见《结构人类学》，252页。

候，在提供者的眼里，妇女的接受者夺走姐妹或女儿，是具有支配力的吃人肉者；反过来说，在接受者的眼里，提供者是陌生人因而是敌人的象征，接受者总是有理由担心来自他乡的妻子会对他施加神秘的和罪恶的影响。所以毫不奇怪，在新几内亚和印度尼西亚，武士们骄傲地号称是陌生村落的“丈夫”，进攻这些村落并在那里割下人头：不论是通过目的地还是通过原籍，嫁出去的女人或获取的妻子总是在某种程度上受到吃人风俗的污染。这种习俗至少有的时候体现了她即将加入的或本来属于的陌生人的精神。

在讲座的最后一部分，我们试图证实这个模式是不是可以加以普及，并研究它如何在母系氏族或父系氏族规则的压力下发生变形。

147

美国西南部的普韦布洛人为第一种类型提供了很好的例子。值得注意的是豪比人用在仪式上的称作克耶姆什（*Koyemshi*）的小丑，他们是阳痿的阴阳人，也就是卡奇纳神（*Katchina*）的“丈夫”，而阿柯玛人以及别的地方的神话称卡奇纳神从前十分凶猛，如今才变得慈善。然而克耶姆什与父亲亲族的妇女具有密切的关系。所以伊亚特姆尔人的模式以相反的形式留存了下来：在伊亚特姆尔人的模式中，男性化的妇女扮演的吃人怪物属于父系家族，而女性化的男人扮演的小丑则属于母系家族（在这里，祖先们被供奉成神，有的时候被象征地吃掉）；在豪比人那里，没有性别的小丑则属于父系家族，而母系家族则在神话的层次上表现为猎人头的神，它们虽然已经悔悟，但依然令人畏惧。所以这里是从（吃人怪//小丑＋神）到（小丑//神＋吃人怪）的交流。

祖尼人有一个著名的叫作沙拉科的祭礼（*Shalako*）。它在某些方面像是阿兹特克人的祭神仪式，在其他的方面又像是夸扣特尔人的炫财冬宴，父系与母系之间的关系在祭礼中表现得淋漓尽致。对它的简要的分析为这种解释提供了进一步的依据。

在阿尔冈金人和苏人等父系氏族社会里可以看到，在小丑与吃人怪物逐渐地彼此融合的同时，出现了一个新的角色：疯子。所有这些人物都在某种程度上失去了雄性的威风：他们扮演的角色是女人或者是老弱病残。他们装作驼背、变性人、孕妇，或者像苏人的疯子那样发誓永远独身。两性之间的对比的这种普遍的减弱似乎是某种复杂的演化的结果，需要我们从整体上进行考察。

我们的出发点是妇女的接受者与提供者之间的对立。在普韦布洛人那里，这种对立主要表现为父系与母系之间的对立。确实，普韦布洛人的各个社会都各自寻找某种得到双重保障的平衡：在内部，是把社会秩序归结于神灵的基础；与之相伴的是在外部拒绝邻居或陌生人在其中占有任何位置。所以，社会生活只有从父系与母系之间的潜在的对抗中才可以汲取自身的活力。克耶姆什保障了这两极之间的调停，他们的“反角”的特征（是乱伦的产物，受孕的时候生母正来月经；是阴阳人并且阳痿）使他们适合于在仪式当中实现这种平衡，其形式是对真实秩序的一种象征性的颠倒。 *148*

父系与母系之间的同样的敌对关系也出现在夸扣特尔人那里。他们把结婚仪式办得像是出征作战。但是夸扣特尔的社会在内部也是等级严格，并与外人保持时而和平、时而敌对的复杂关系。结果，从父系与母系之间的敌对的一方或另外一方中，衍生出了两种新的敌对关系：第一种是内在的、剥削者与被剥削者之间的敌对；另外一种是外在的、邀请人与被邀请人之间的敌对。我们看到，祖尼人的沙拉科已经粗略地描出了这个复杂的设置的轮廓。

与夸扣特尔人相反，平原地区的印第安人的社会像普韦布洛人一样显得安稳平衡。然而这种平衡不过是一种表面现象，因为平原地区尚武的印第安人之所以压抑父系与母系之间、穷人与富人之间的敌对情绪，仅仅是为了让外在的敌对情绪更好地表达出来。就像祭礼显示的那样，或许也与对内在的敌对情绪的压抑相对应，小丑与吃人兽的角色渐渐地混为一体；为了加剧对外部的敌对情绪，疯子应运而生：他冒险成性，集男性和女性特征于一身，孤僻成性，其孤独和必死无疑的命运似乎是对社会内部群体之间所虚假设想的和谐的一种补偿。这种和谐的确虚假：因为平原地区的印第安人认为，一定要消除所有内部的摩擦才可以使大家团结一致，把暴力发泄到外部，这样他们就把自己局限在唯一的、针对敌人的敌对模式上，或者说再重新引进这种模式。在这些社会当中，由婚姻和经济上的不平等造成的同盟之间的敌对消失掉了，但是它们会以两性之间的游戏战争的形式再现出来，这种游戏是部落之间的真正的战争的缩影。在没有军事活动的时候，年轻人用掠夺妇女的游戏来消磨时光。这清楚地表明，群体内部的社会生活由于没有用来滋养其活力的结构要素，所以只能模仿发生在更广泛场景内的真实的战斗。

149

所有这些经过细致分析的事实可以被当作一个关系系列中每一种关系的象征性的表达；这些关系的排列顺序的起点是可以相互调转的对立形式（妇女的接受者和提供者），终点是不可以调转的对立形式（同族人和敌人的对立），中间的过渡形式包括父系与母系、邀请者与被邀请者、剥削者与被剥削者之间的对立。在每种关系中，我们都可以根据父系氏族或母系氏族的规则区分出对称的形态，这些形态同样也会依据每个群体特有的社会组织的其他侧面而有所不同。

在讲座结束的时候，我们努力反驳了一些民族学家把祭礼中的变性穿着归结为来自妇女的反抗的错误观点。在他们看来，妇女们好像是利用节日的机会来发泄她们对自身低下的条件的不满，因为她们唯一的选择是用象征的方式来加以反抗。相反，在我们看来，仪式上的变性穿着下面隐蔽的永远是男人之间的关系。小丑的形象和吃人的形象起着能指的作用，在第一种情况下男人们利用它们来象征女人，在第二种情况下他们通过女人来象征男人。这是因为在第二种情况下，男人们无法象征他们本身：他们只能是他们本来的样子。所以这里需要妇女们扮演必不可少的中介角色来表达需要表达的意义，这与复制真实完全不是一码事。在仪式中形象地表现的吃人风俗透露了男人们想象女人的方式，或者更准确地说，它透露了男人们透过女人来想象男子气概的方式。相反，仪式上表现的小丑则透露了男人们想象自己是女人的方式，也就是说他们试图把女性气质融合到他们自身的性格当中。

第十九章　口头传说的秩序与混乱

(1975—1976 学年)

150　在十分不同的时期和条件下，人们从没有文字的民族中收集了许多神话。这些汇编表现出两种反差强烈的侧面：有的时候是由杂乱无章的、保持自身特点的碎块构成的一堆东西；有的时候则是彼此衔接的章节组成的整体，但是在它们当中，经常可以发现一些邻近的部落当作不相关的故事来讲述的神话故事或故事成分。这两种类型是构成了口头文学的不同的体裁呢，还是应该把它们看作是演化过程当中的两个阶段？在第二种假设当中，可不可以设想在开始的时候有一个完整的英雄史诗，随着岁月的流逝它逐渐地变得支离破碎；或者通过相反方向的运动，开始存在的是一些支离破碎、互不相干的材料，后来的哲学家和诗人们把它们融合为一个前后密切关联的整体？周二的题为“口头文学传统的秩序与混乱”的讲座提供了回答这些问题的一些要素。

课堂上主要使用的是来自加拿大的例子。在回顾了王室或各省份与印第安人之间的司法和政治关系的历史之后，我们看到了一幅非常复杂的图表，展示了前者与后者之间实际发生过的冲突，其中包括了魁北克省与格里人、伊努依人（Inuit）之间纠纷的詹姆斯湾（baie James）事件，以及尼斯嘎印第安人与英属哥伦比亚政府之间的长期悬而未决的法律诉讼。在这些问题出现的同时，我们看到一种新的、以印第安人本身为作者或首创者的神话文学的问世；这种新的文学以直接或间接的方式来表明他们在经济上、政治上和领土上的要求的合法性。出于方便，我们把这类文学的汇编称为“巴洛克”（baroque）构型，但没有附加任何贬义。历史学家们用“巴洛克”来指称其主要目的在于运动和表达的艺术，我们不过是沿用了他们的方法。同样出于方便，我们把博厄斯于1895年和1916年出版的神话集，以及稍后的巴博（Barbeau）出版的神话集称为“经典”汇编。作者们或者本人直接或者通过地方的合作者收集了这些神话。把“巴洛克”神话汇编与“经典”神话汇编加以比较十分有趣。在“巴洛克”汇编当中有这样几类作品：要么是出自同一个巴博笔下的作品，他暂时绕过了本人专业的约束来追溯土著人的灵感的来源，并在真正版本的神话的基础上创作自己的一个翻版［《坦拉汉姆的失宠》（*The Downfall of Temlaham*，1938）］，不过我们不可以因而对这个翻版嗤之以鼻；要么是一位印第安人酋长向一位坚信其使命的重要性的业余研究者口述的故事集［鲁宾逊：《莫迪克的男人们》（W. Robinson，*Men of Medeek*，1962）］；最后是哈里斯酋长（Chef Gitksan Kenneth B. Harris）1974年出版的《再也没有离开的来访者》（*Visitors Who Never Left*，1974）一类的作

151

品：对其舅舅口述的家庭传统的录音的阐释——钦西安人严格遵循的母系氏族权利规定哈里斯是他舅舅的继承人。

所以这两种神话之间的区别并不在于当地人在作品中占有多大的篇幅。实际上，从文字内容上来说，博厄斯的历史性的著述《钦西安人神话学》，以及巴博的页数少一些的《钦西安神话故事》，分别出自印第安族文化人亨利·塔特（Henry Tate）和威廉姆·贝农（William Beynon）之手。然而在这些情况下，合作者不过是执行民族学家的命令；但当他想办法建立一个尽量完整的文集，并把他本人的家庭或社会群体的传统以及其他氏族的成员转告他的传统在同一个层次上置于这个文集当中的时候，他本身就变成了民族学家。再者，这些材料按照尽量客观的顺序排列下来。所以，博厄斯和塔特的著作开始的时候是宇宙的神话，然后是有能力让东西改变形状、热衷欺骗的神的种种冒险，他接下去完成了创世的业绩。我们紧接着看到的故事讲的要么是过于遥远的婚姻（其象征性也具备宇宙的意义），要么是关于某些个人有时与超现实力量保持的其他类型的关系。在这之后的神话故事从三个方面来讲政治关系：内在的政治关系，国际政治关系，最后是自己的群体与其他世界之间的关系。随后的故事讲的是萨满教和宗教行会的起源。最后，文集以声称具有历史真实性的故事结束。如果把巴博和贝农的著作加以比较的话，我们会看到他们在对同样的神话进行分门别类的时候，采用的标准与前面提到的准则类似。

152

相反，诸如从莱特（Wright）酋长口头采集下来的有关莫迪克的男人的作品以及前面提到过的哈里斯酋长的作品，则是一种连续发展的故事。它们的各个章节从一开始就执意沿循历史顺序。对于这些作者来说，他们要做的是追溯一个氏族以及这个氏族内的一个亲族的起源；是跟随他们长途跋涉，描述他们的奇遇、他们的失败以及他们的胜利，解释他们如何占据这些或那些领土并使其成为他们的财产，他们自己造成的错误如何导致了一个非常悲惨的命运。这种强烈的历史意识使得神话没有给宇宙论留下任何位置：关于创世的神话消失殆尽；描写骗子神的业绩的故事遭到了同样的命运，至少是在故事结尾的时候它们以简短的形式似乎是随意地穿插进来。

然而，这些小插曲具有某种意义。我们在更仔细地分析了哈里斯酋长如何来安排故事的情节之后，这种意义就浮现了出来。在整个时段里相继出现的每一个事件（其中的好几个与经典汇编中的故事相对应）都用来解释一个名称、一个等级、一个头衔、一种特权的由来。它们都属于书的作者（一位贵族）自出生以来所拥有的或在一生当中获得的数目繁多的特权。换句话说，在一个声称囊括如果不是数千年、起码是数百年的历时性陈述中，其中相继出现的时刻井井有条地投射在了某个等级分明的社会秩序的屏幕之上。这个社会秩序迄今为止依然是一场活剧。 *153*

遗憾的是，历史毫无疑问地存在着，共时秩序同样留下了它的种种烙印。它们出现在两位酋长的故事当中，当然具有不同的意义。莱特酋长的故事自始至终都贯穿着一种无法避免的厄运。故事里的氏族或地方群体（因为起初的时候，这两个概念依然混为一体）从一个灾难来到另外一个灾难；每当它觉得终于找到了和平和繁荣的时候，新的不幸又会降临，而且几乎都是由于它自身的过错。这种对历史的悲观的看法与哈里斯酋长的看法虽然大不一样，但是它们之间的区别没有大到后者可以把偶然事件排除出去的地步：比如说，他不得不解释为什么他引以为荣的头衔在名次排列中降低了一个等级。所以对于他来说，历史就像是社会秩序的起源，然而，用委婉的说法来说，这个起源中又加入了某种不可还原的、滞留不化的混乱。莱特酋长的故事更接近我们定义为事件性的历史：在那里，社会秩序每时每刻都被某种变异同时构建起来并再度造成后来的事件。

所以十分有必要把这些文字本身、同时也附带着把我们放在两个领域的交叉点上：第一个领域可以按照约定俗成的方法称作神话性的，另一个则与它们各自的作者所意味的历史相关。这样就产生了一个问题：如果历史被要求与神话保持可以说是直接的接触的话，那它应该具有什么样的特征呢？

特征的数目看来有四个。第一，这个历史的构建方式是把可以替换的陈述单位重新排列组合起来。几乎所有的故事都重复一些经典汇编中已经存在的神话；在这里它变成了一个历史故事，去掉了神话的细节并把它们加以缩小，但保存了神话中大家所公认的那些属性，也就是一系列转化中的那些不变的内在关系。这样，同一个叙述单位会以下面的形式表现出来：一些男人杀死了他们已婚的姐妹的情人，一个丈夫杀死了他的妻子的情人，一个丈夫杀死了有了情人的妻子；三种情况产生的结果是两个村落之间发生了战争，一个村落的战败以及幸存者流离他乡。但是，如果每一个单位能够以微型神话的方式存在的话，它们彼此衔接的顺序则不隶属于神话：它是即便不是完全自由的、起码是非常灵活的创作的结果。这就好像是编年史作者在开始的时候掌握着固定数目的叙述单位，可以像摆弄拼凑游戏中的元件那样把它们随意组合起来，以便依照他心里的模式来制造这样或那样的历史。

154

第二，这个历史不断地重复。为了使故事的情节向前发展，编年史作者毫不犹豫地把同一个类型的事件连续使用好几次；另外一些独立的编年史作者有的时候会把同类的事件运用到不同时期和不同地点发生的、具有不同主角的故事当中。

第三个特征则是前两个特征的结果：当我们想把这个历史讲述

的事件略加澄清的时候，它的历史真实性便荡然无存。即便是使用一个相对牢靠的坐标点也无济于事：考古遗址，有名称的地方，不同编年史作者提到了在这些地方发生的事实，尽管它们彼此十分相像，但从来都不会一致——它们讲的要么是其他的人物，要么是同样的人物但扮演着不同的角色。

第四，这个历史倾向以周期的形式表现出来：标志着它的结尾的事件往往在开始的时候已经出现过了。

这些故事与神话如此接近，它们也和神话一样为解决专家们长期以来潜心研究的一些历史问题提供了某些线索。我们知道钦西安人社会表现出一种四分的结构，它以不同的名称同样也存在于沿海地区诸如斯吉纳河沿岸的吉特克斯坎人（Gitksan）和奈斯河流域的尼斯嘎人的社会当中。60 多年以前，斯万顿（J. R. Swanton）和博厄斯就这个四分结构问题提出了截然相反的观点。对于前者来说，这种结构是交融的结果：开始彼此孤立的群体在历史的进程中逐渐聚集起来，斯万顿用几个地方风俗的例子来证明他的观点；相反，在博厄斯看来，这种社会结构从来就是如此，它比证据确凿的或推衍出的民族迁移来得更早，但是这并不排除原始的系统可能会在这里或那里表现出一些由于某些更细微部分的灭绝而造成的畸形或漏洞。确实，没有什么坚实的证据表明，在古代的时候外婚的对方不是分成几个部分，这明显地暗示它们在刚一开始就有好几个：这是外婚概念存在的先决条件。

155

今年研究的这些材料使我们倾向于考虑一个过渡的解决办法，原因是它们提出了三点问题。首先，二元性在那里看来是社会结构的原始特征。其次，偶尔出现的三分组合似乎是出于古代钦西安人对于婚娶舅舅的女儿的特别的偏爱，这种婚姻要求至少三个相互交换的方面。最后，四分结构可能是对原始的二元结构的一分为二的结果，而又没有使后者成为某种结构改革带来的后果。浏览最近出版的编年史，我们更多地看到的是同盟和冲突的偶然的效果，它们在经过了一系列分离和融合之后，最终达到了结构上相对稳定的状态，因为只有这种稳定才可以使地方的所有群体都具有同样的组成成分，并使每一个故事中讲到的、与其他群体保持着种种关系的群体得以达成尽可能多种多样的、与最初的独特性相容的联盟。

所以，在神话的静止的结构和历史的开放的变化之间，可以找到一个过渡的形式：它可以被看作是某个组合的产物的变化。这种组合本身又表现在两个方面：在第一个方面，它产生出神话的历史，或者用另外的说法，产生出历史化的神话，其方法是极其自由地选择本身受到严格定义的种种成分，把它们并列或重叠排放起来。至于真实的历史产生出来的外婚对象的分支，它或许是一种与打牌类似的操作的结果：如果一副牌具有四种花色的话，那么反复洗牌之后，抓牌的时候即便每手牌中每一种花色的牌的数目不同，拿到所有四种花色的机会总会很大：与此相同，我们观察到的每一个地方群体通常总是包含着四个分支的代表，但是它们的人员数目几乎永远不等。

156

在结束的时候，我们试图依据其与众不同的特征给一种没有文献的历史下定义。这种历史来自于好几个家庭的口头传统故事，这些家庭的祖先经历了几乎同样的历史事件。这个历史的共同之处与其说是在事实上，不如说是在继承权上。每个家庭的故事都仅仅包括一些片段；为了填补其中的空缺，它从其他来源借取一些与它认为祖先经历过的事件相类似的史实，并强行加上自身的视角。如此构建起来的是可以称作“事件类型”的历史最初的原材料：它们不完全真实，但也不完全是假造的。

就像有些观察者指出的那样，今年讨论的这些民族对虚构的概念考虑得如此之少，他们的词汇里没有一个词来指定它，或把它与确凿无疑的谎言区别开来。然而，他们同样也没有太多地考虑单一历史的概念；但从西方观点上看，只有这种单一的历史才可以满足真理的要求。他们认可其他不同的氏族的口头历史也是真实的，但他们认为他们自己的历史比邻居的历史更符合真实情况。所以他们接受了一种在我们的眼里充满矛盾的模棱两可的东西。

在哈里斯酋长的著作的标题中，这种模棱两可表现得再清楚不过了：因为在他的故事里，这些“再也没有离开的来访者”时而像是家系委任的保护者，时而像是无法摆脱的入侵者：时而是值得崇敬的祖先，他们的名字和对他们的祭祀世世代代地流传下来，保障某个从理论上说的永恒的社会秩序千百年不变；然而有的时候，他们又是不速之客，受到不情愿的主人的接待，因为他们对系统的猝然的入侵造成了它现有的不规整的缺陷。这一切都表明，尽管人们想方设法地把神话的力量与历史的力量结合起来，它们依然把事物扯往相反的方向。 157

第四部分

对社会组织和亲属关系正在进行的辩论

第二十章　对亲属关系和婚姻的研究

（1961—1962 学年）

星期三的课程的标题是“对亲属关系和婚姻的最新研究”。它详尽地研究了最近 10～12 年期间的、自从我们的《亲属关系的基本结构》（1949 年）发表之后民族学领域发生的最重要的进展。三个问题尤其引起了我们的注意。 161

1. 双系亲子关系系统

不仅仅在印度尼西亚和波利尼西亚，同样也在美拉尼西亚和非洲，人们越来越强调女系亲属系统的存在，也就是说，这种系统的基础是同等地承认两个亲系。在美洲，这些系统被称作非单系系统。它们的存在数目毫无疑问地比 20 年前想象的要多得多，或许代表着真正普查过的承嗣关系的三分之一。

我们从前建议把这种系统搁置在一旁，因为与拉德克利夫-布朗的观点一样，我们认为它们属于例外现象。尽管这种观点现在看来已经不那么准确，但是这种保留的态度还是不应该全部摒弃，原因是这些系统尽管频繁地出现，它们从严格的意义上讲并不属于亲属关系的基本成分。就像古迪纳夫（Goodenough）在他的《马尔尧（Malyao）——波利尼西亚的社会组织》（载《美国人类学家》，57 卷第 1 期，1955 年）一文中已经指出的那样，要想阐释它们就必须使用一种尚未公布于众的类型学。的确，这些系统引进了一个新的维度，因为它们用来定义、保存并改变社会聚合方式的手段不再是与一成不变的承嗣规则的关系，而是与土地产权的系统的关系。所以，我们见到的这些社会与单侧承嗣关系的社会之间的区别大致地类似于节肢动物和脊椎动物之间所观察到的区别。在第一种情况下，社会的“骨架”是内在的：它是各种个体身份的共时的和历时的榫合，在其中每个具体的地位都严格地与所有其他的地位紧密相连。在第二种情况中，这个“骨架”是外在的，体现为某种领土地位的榫合，也就是说体现在某种土地制度当中。这些真实的地位属于身外之物。由于这个事实，它们可以在这些外在的限制所规定的范围之内相当自由地定义他们自己的地位。

162

因而，女系亲属系统和单侧亲缘关系系统的区别又在第二个方面表现了出来：在它们那里，历时性与共时性由于这些系统中每个个人的选择自由而在某种程度上彼此脱节。拥有这种亲属关系的社会因而可以达到历史性的存在，前提条件是重新归类的大量的个人选择在统计学上的波动某些时候显示出同一种趋向。

不管怎么样，对今天的民族学理论来说，双系系统或无区别系统的重要性已经毋庸置疑。我们更加清楚地认识到，传统上称为原始型的社会与所谓的文明社会之间的分界线与亲属关系的基本结构和复杂结构之间的分界线毫不相干。在所谓的原始社会当中存在着混杂的类型，它们当中的一些类型还有待新的理论来解释。这些社会中的相当部分实际上属于复杂亲属结构。仅仅在与基本结构相关的研究中我们才可以暂时忽略非区别性亲属关系的实例。

2. 澳大利亚的普遍化的交换

我们以前对澳大利亚北部阿恩海姆领地的摩恩金人的亲属系统所进行的阐释引起了许多争论和反对意见。利奇、伯恩特（Berndt）和古迪（Goody）指责我们混淆了两种彼此不同的民族学现象：一方面是各种地方群落，另一方面是各种亲系；仅仅地方群落真正地存在着，而亲系仅仅在当地人思考问题的时候、出于把亲属概念分门别类的方便而使用它们。在摩恩金人的具体情况中，我们过去表达这种区别的方法至今依然显得比我们的批评者的方法更令人满意。这并不完全像林奇（Lynch）所说的那样，摩恩金人的系统包含了七个亲系、四个地方群体。实际上，观察到的摩恩金社会在某个时期拥有固定（但相对高的）数目的地方群体，但我们对它们一无所知。每个人在确定自己的亲属关系的时候需要使用四个地方群体，其中的三个是固定的，一个是非固定的，利用它们来确定自己在四个亲系之中的位置：本人的，他的“妇女的提供者”的，他的“妇女的接受者”的，以及最后一个可以由他选择的亲系——他的提供者的提供者的亲系，或者是他的接受者的接受者的亲系。由于交换的循环似乎需要的地方群体的数目多于四个，这就导致了自己需要发明补充性的（然而又是从前者派生出来的）词汇来指定尚待出现的、充当他自身的交换循环之伙伴的地方群体。

163

但是，地方群体与亲系之间的区别依然过于简单化。实际上我们需要把三种东西区分开来：数目为三个的（+1）强制性的亲系；

数目为四个的（—1）非强制性的亲系；以及我们不知其数目的地方群体——这个数目会因地因时发生变化，但永远不会少于四个，出于词汇系统的延伸的原因，它通常大大超过四个。

对我们的第二个指责是假设系统的循环性。这种指责的根源是对模式和经验事实之间的混淆。一个普遍化的系统一定要引用某种循环，即便这种循环可能简单，可能复杂，可能表现为极端不同的形式。经验事实则要灵活得多。在所有可以在经验上观察到的联盟周期当中，我们可以发现一定比例的或短期或长期的循环；其他的线索永远也不会“扣上环”，因为它们“消失”了。所以为了使模式继续有效，就要满足这样一个前提：从总体上来说，从一个方向上“消失的”线索与在相反的方向上“消失的”线索的数目要保持一致，这样一来，从负面上看，损失像获得那样得到了平衡。

164

如果像利奇那样一厢情愿地想象母系婚姻系统至少在理论上不一定是循环性的话，就会引导出这样一种论断：一个车把永远朝着一个方向的自行车手永远也不会绕一个圈。当然了，他有可能永远不会返回到自己的出发点。然而从统计学上看，如果好几个自行车手朝一个方向转上相当多的圈数之后，他们多次越过各自的起始点的机会就会很大。为了使母系婚姻系统完全摆脱循环，地方群体的数目就必须是无限的。群体的数目越少，某种临近循环就会有更多的机会显现出来。确实，种种非对称系统之所以循环，原因不在于地方群体事先已经排设成了永恒的交换周期，而是在于这样一个事实：根据它们之间建立的不同的关系，它们在其中移动的系谱空间是一种在结构上弯曲了的空间。

3. 东南亚地区的普遍化的交换

引起最激烈的争议的，莫过于我们对缅甸北部的卡特金部落的亲属关系系统的阐释。利奇批评说，我们不应该声称卡特金人的系统透露出了一种矛盾，从而得出这个系统模式一定是不平衡的结论。他的论据包括两个方面。

首先，利奇争辩说，卡特金系统倾向于加深妇女的提供者与接受者之间的不平等。在他看来，情况也确实是这样，结婚礼物的主要组成部分是牲口。然而也正像我们的批评者所见证的那样，结婚礼物同样也包括看不见的、与牲口相对的奴隶式的劳务，作为对牲口提供者的回报。然而尤其值得一提的是，说用婚宴的形式把牲口偿还给送礼人是完全错误的；因为，由于有了这些牲口，酋长才有经济力量举办婚宴，结果他的威望得到了提高并真正地因此得到报酬。所以我们看到的总是这样一种趋势：当赠送婚礼的人为了获得妻子而放弃牲口、从而放弃提高威望的机会的时候，酋长则利用这个机会提高威望。

165

但是我们从来都没有暗示在卡特金的社会里妇女可以用物品来交换。我们之所以说卡特金系统具有土地上的不稳定性是另有原因。造成它的不是某种所谓的对等物的经济属性，而是在普遍化的交换系统中必然会影响到婚礼交换本身的失调。确实，如果交换的周期愈加延长，交换的每一个步骤就愈发可能出现这样一种情况：某一个交换单位如果不需要立即向它所拖欠的对方提供等同物，它就有机会采取两种形式来增加自身的优势——要么增加妇女的数量来加以赢利，要么要求得到一个阶层更高的妇女。然而，如果像利奇强调的那样肉是可以归还的话，那么由于分配肉而获得的威望则不可以归还。

另外，在几年之后发表的《缅甸高地的政治系统》一书当中，利奇似乎是发展了一种和以前不同的、与我们的阐释十分接近的理论。他在 1951 年的文章当中仅仅讨论了卡特金社会的一种组织形式。相反，在他的 1954 年的著作里，利奇着重研究了他分别称为古姆劳（*gumlao*）和古姆萨（*gumsa*）的两种婚姻和政治组织形式在结构上的双元性：第一种形式是平等性的，第二种是半封建性的。他提出卡特金社会或许在永远地摇摆于两种类型之间。他最后还表明每种类型都受到了某种结构上的不稳定性的影响，并造成这种类型定期地消失并让位于另外一个类型。所以，在坚称卡特金社会处于平衡状态之后，利奇身不由己地承认这个社会交替存在于两种形态之间，这两种形态彼此相互矛盾，而且每个形态本身，用他自己的话说，又隐含着矛盾。

166

最后，同一位作者责备我们在研究卡特金系统的时候没有充分强调超婚（hypergamie）和亚婚（hypogamie）之间的区别。我们这样做的原因在于，从形式的角度来说没有必要对两种形态加以区别。所以，为了指明社会地位不等的夫妇之间的婚姻，但又不一定要了解到底是男方还是女方的层次更高，我们建议从植物学中借用"异型婚配"（anisogamie）的名词，因为它并不预断系统的方向。

同样道理，母系婚姻和父系婚姻各自与单侧亲缘的两种形态也相互兼容，即便是在母系氏族制度中父系婚姻的或然性也更大（原因是它在结构上的不稳定性使它偏好短路式的姻缘），而在父系氏族制度中母系婚姻则具有更高的或然性（它会使得周期进一步地延长），同样，亚婚（它构成了异型婚配中的母方外表特征）在父系氏族制度中是一种相对不稳定的结构的标志，而超婚则代表一种相对稳定的结构。

在一个具有封建倾向的父系氏族社会中，亚婚表现出一种不稳定性的迹象，因为它标志着某些亲系在联姻中（也就是得到女系亲属的承认）寻求自身的父系亲属的位置；因而它是把女系亲属当作父系亲属的手段。与之相反并更符合逻辑的是超婚，它假设在一个父系亲属系统当中，女系亲属的关系无关紧要。所以，亚婚构成了一个重要的、普遍地表现在亲家的忌讳中的结构现象。它与父方亲系和母方亲系之间的某种紧张状态相对应，这种还没有失掉平衡、进而仅仅使父方亲系受益的状态是真正的超婚的产物。

最后的几次讲座专门用来批判分析尼德汉姆对东南亚其他民族的亲属系统和婚姻规则的研究；尤其是最后，我们探讨了他在一篇短文里（《结构和感情》，芝加哥大学出版社，1962 年）对《亲属关系的基本结构》一书的阐释和争论，原因是短文的发表时间正好与我们的课程的结尾赶在了一起。 *167*

第二十一章　关于原子亲属结构的讨论

(1971—1972 学年)

168　这一年周二的讲座用来探讨亲属关系的问题。我们的精力尤其放在了将 1945 年引入的“原子亲属结构”加以精确化和进一步的发展，并借此机会回答从前的和新近提出的批评意见。

这些批评部分是来自起源于某些盎格鲁-萨克逊的民族学家的一种假设。这种假设认为，在所有的亲属系统当中，如果要恰当地表现这个系统，裔传亲系的数目就应该与运用在祖父母一代的项次的数目一致。然而，这种构建规则经不住事实的检验。由于课堂上大部分辩论的材料来自澳大利亚，我们就局限在这个地区之内：维多利亚大沙漠的安丁加利人（Andingari）和科卡塔人（Kokata）的习俗是婚娶交叉表妹或堂妹（舅舅或姑姑的女儿）。在他们那里必须区分四条裔传；所有的“祖父”和所有的“祖母”则由一个名字来统称。阿恩海姆领地西部的甘文固人（Gunwinggu）在他们的词汇中把父亲的父亲、母亲的父亲和母亲的兄弟区别对待；然而他们可以实行两种可能的婚姻，并且与这三个名称相对应的是四条裔传；温加里宁人（Ungarinyin）禁止交叉的堂表兄弟姐妹之间的婚姻，主张婚娶父亲的母亲的兄弟的女儿。他们的系统同样也暗含了四条裔传，分别是父亲的父亲的后代、父亲的母亲的兄弟的后代、母亲的父亲的后代，以及母亲的母亲的兄弟的后代；然而他们 169 用五个名称来专门称呼这四条裔传：父亲的父亲的后代，母亲的父亲，父亲的母亲的兄弟，母亲的母亲的兄弟，最后是父亲的父亲的姐妹的丈夫。

在这些条件下，把约克角半岛上的维克芒坎人（Wikmunkan）的系统解释为两个部分的最主要的论据不攻自破。直到40多年前，尽管这些居民的数目已经少于最初的殖民接触的十分之一，大家还可以对这一系统进行实地研究，并提出了非常不同的解释。然而不论对于哪种解释来说，这个系统都像麦科奈尔（McConnel）指出的那样至少包括了三个亲系：本人在外婚半族的亲系，他的“接受者”的亲系以及“提供者”的亲系。把普遍化交换的规则排除在外并对外婚的半族的存在深表怀疑的汤姆逊（Thomson）则提出，一方面是己身的亲系，另一方面则至少有两条亲系：它们的数目之所以大于系统表面上看来所需要的数目，是因为他们也像奥培拉人（Ompela）和瓦尔比里人（Walbiri）那样把“真正的”和“分类性的”堂表姐妹区别开来，只有后者才可以婚娶。

大家要是有心把麦科奈尔的描写与出自斯宾塞和吉伦之手并由埃尔金证实的、对阿拉巴纳人（Arabanna）系统的描写加以比较的话，或许对前者就会更加尊重一些，因为斯宾塞和吉伦的描写恰恰提供了一个对称的画面。对于一个男人来说，可以与他的家族姻联的另一个家族的女人分成四个类型，他只能选择其中的一类：母亲的哥哥的女儿（母亲的弟弟的女儿们被排除在外）。结果，就像在麦科奈尔所描写的系统中那样，一个“年长”的亲系和一个“年幼”的亲系分别出现在己身的亲系的右侧和左侧，而婚姻只能在一个方向上出现，恰好与描写中的维克芒坎人的婚姻相反。在此之上埃尔金又作出了进一步的澄清：母亲的父亲可以婚娶父亲的父亲的姊妹，但是反过来就不行：父亲的父亲必须另寻配偶。所以，一个由两个外婚半族构成的系统可以将就地承认三种亲系：在这种情况下我们看到的是母亲的父亲的亲系、父亲的母亲的兄弟的亲系，以及父亲的父亲的与母亲的母亲的兄弟混在一起形成的亲系。

170

对麦科奈尔的不公之处还表现在另外一个方面：人们指责他轻率地依据涉及的对象是己身还是他的孙子来区分婚姻的禁忌，理由是己身的选择完全是出于征服者的意愿，因为征服者有能力把己身放置在一代或者另外一代当中，因而使得两者面临同样的禁忌。这种说法忘掉了这样一个事实：如果像麦科奈尔所说并得到最新的观察证实的那样，祖父有权利在孙子通常结婚的一代选择配偶，那么不论是谁被选来占据己身的位置，他的婚姻自由永远会受到在他之前结婚的祖父的婚姻自由的限制。由于两个男人之间可能发生竞争，于是出现了这样一种已经被我们解释为避免冲突的手段的规则：男人可以与他的年龄大的同辈亲系的下一代的女人结婚，或者与他的年龄小的同辈亲系的同一代的女人结婚。我们的假设与这个系统的其他研究资料没有任何冲突，因为我们并没有像人们声称的那样把前者定义为“女儿的女儿”，而是定义为“孙子的堂表姊妹”（《亲属关系的基本结构》，第二版，243 页，1967 年）；她们是孙女，但仅仅是从辈分上来说的；这样一来，两个男人就都可以结婚了。

另外，我们并不是由于粗心大意才写道“己身右侧的第三条亲系，以及左侧的第三条亲系，与己身的亲系重叠”（同上书，225页），因为只要运用一点常识就可以理解，我们计数的时候包含了作为出发点的己身的亲系，所以它构成了总数中的第一个。最后，我们利用这个机会解释一个对有些人显得不可理解甚至是自相矛盾的程式。我们在书中写道，在维克芒坎人那里，“对于每一个妇女来说……存在着两种可能的婚姻：或者是在普遍化交换的直接周期当中，或者是在有限制交换的间接周期当中”（同上书，246页）。可是，我们难道不应该把有限制交换称为直接的，把普遍化交换称作间接的吗？当然是这样，但是我们这样写的目的是强调这个婚姻系统在麦科奈尔的描写中表现出来的矛盾的侧面。在他看来，事实也确实如此，普遍化的交换在这个系统中运作的方式最为直接、最符合其特性；也就是说从A到B、从B到C、从C到n，以及从n到A。而有限制交换则不把交换的双方直接联系起来，而是让第三者介入交换（它与普遍化交换的过程相反，并不是系统所必需的成分）：前辈的家系强调说，“我与舅舅或姑姑的女儿结婚，再从叔伯或姨娘的亲系中借来一个女人与我的内兄弟交换”。结果，在这样一个系统里引入了一个复杂成分，使得有限交换的间接特征比普遍化交换通常表现出来的间接特征更加明显：在维克芒坎人那里，同样类型的复杂性丝毫不会出现在普遍化交换当中。这样一来，通过某种辩证的回返，在总的脉络上显得间接的交换在这里变得相对地直接，在相反的情况下则掉过个来。

171

然而，根据普遍化交换的程式来建立这些图表的麦科奈尔知道，即便到了他的时代，这个系统同样会被当作有限交换来运作；他前面的分析表露的这些特征足以证明这一点。所以我们不应该把自己纠缠在两种交换形式的选择之间。这种古老的对维克芒坎系统的描写带来的问题属于另外的性质。这个系统中的许多方面，尤其是各个亲系的名称的平均分摊，暗示着有限交换。但是如果我们把这种阐释推向极端的话，我们必然会抽象地与实际的系统脱离开来，把许多与有限交换形式不相容的特征当作是不可解的、孤立的谜。比如说，在阿切尔河（Archer）流域的群体禁止婚娶父亲的姊妹的女儿；肯德尔-霍尔洛伊德河（Kendall-Holroyd）流域的群体禁止婚娶双向交叉①的堂表姊妹；联姻网络常常倾向于母方；依据相对年龄来系统地划分每个不同的辈分，然而只有一个名称的父亲的姊妹却不包括在内。小小的谜会积少成多变成大的问题，所以，我们有理由从两种交换各自所占的比例上寻找解决办法，而不是想方设法地保留其中的一个，潇洒地摒弃所有与之不相容的经验材料。实际上，自从人们部分地了解到汤姆逊的、比他在世的时候发表的文章内容丰富得多的分析，并且发现它们与麦科奈尔的分析不相容之后，维克芒坎的问题就显得难以解决了。总而言之，我们觉得汤姆逊对奥培拉人的观察在没有得到充分的研究之前，辩论很难继续下去。奥培拉人的亲属关系的词汇表明他们的系统与维克芒坎人的系统有共同之处。至少暂时我们应该在新的材料发表之前把对这些文件的分析停下来。

我们之所以推迟讨论维克芒坎人的系统，是因为最近的关于原子亲属结构的争论主要是起源于这个主题，不过我们还要指出一些严重的诠释错误，它们使得辩论从根基上就是错误的。不论是在1945年还是在1952年（重新收入《结构人类学》，第二章和第四章）的文章中，我们从来都没有声称在任何情况下都可以观察到这

① 两个男人分别婚娶他方的姊妹。——译者注

种基本的亲属结构。相反，我们多次谨慎地指出要界定它的运用范围："我们不应该错误地认为在所有的社会中，亲属关系系统构成了用来调控个人之间的关系的主要中介；即便是在它扮演这种角色的社会里，它所起的作用的程度也不尽相同。"（同上书，46 页）再往下一点，我们又强调指出如下可能的情况："在一些更加复杂的系统当中，伯母婶子的关系……可能会消失，或者与其他的关系混淆起来。"（同上书，59 页）在用来定义原子亲属结构的态度的形式系统的问题上，1952 年的文章这样写道："人们会注意到某些组合与实际经验相对应，并且确实被民族学家们在这样或那样的社会里观察到……与之相反，其他的一些组合……要么出现频繁但通常模糊不清，要么非常稀少并且或许不可能以鲜明的形式表现出来……"（同上书，83 页）这些话以最明确不过的方式说明，原子亲属结构的概念不可能具有普遍的实用场所；人们必须意识到，适用于这个观念的现象一定要有足够的数目才可以说明问题，在它不适用的场合下想方设法地收集例证实在是天真无比。除了进一步强调"仅仅指出这种现象的频繁出现还不够；还需要发现它的原因"（同上书，47 页）外，我们从来没有说过别的东西。我们同样还事先谨慎地指出，亲属基本结构可能清楚地表现出来的情况必然是数目有限，这是"每当被研究的系统处于某种关键状态之中：或者它正在发生急剧的变化……或者它正在与一些根本不同的文化发生接触和冲突……最后，要么它正在处于某种致命的危机之中……"（同上书，59 页）。

173

参考资料的文字中同样也没有声称人们所称的"原子亲属结构法则"（相反，正像我们刚刚看到的那样，它们实际上排除了它的普遍性）可以运用在所有的场合；也不可以把新的意义强加到它们的身上，说只要某个系统是父系氏族或母系氏族，这个法则就会适用于它。这种充满偏见的解释的论据是我们书中的这样一句被曲解的文字："作为我们的例证的两个群落"——就像上下文明确无误地表明的那样——所指的并不是一般意义上的父系氏族系统和母系氏族系统，它们讲的是柴尔凯斯（Tcherkesses）和特洛布里恩德（Trobriand）这两个特殊的社会（同上书，151 页）。如果 1945 年的文字从特征鲜明的父系氏族或母系氏族社会中提取例证并坚持使用裔传模式，那仅仅是为了表明，与这个时代的普遍流行的观念相反，裔传模式与态度系统的研究并不相干。我们的实际意图是证明174 不同的后代模式的社会可以具有相同的态度系统，而裔传模式相同的社会可以具有不同的态度系统。由于侧重面根本就不是把原子亲属结构联系到这种或那种后代模式上去，我们写道，构成那些"最无关紧要"的亲属结构的叔伯母关系"并没有出现在所有的母系氏族和父系氏族系统当中；它有时候出现在既不是前者也不是后者的系统当中"。

就算是暂时地假设这些文字确实具有人们强加给它们的、与它们的本意相反的意义，他们也没有权利去援引澳大利亚中部沙漠地区的瓦尔比里人的例子来反驳它们，因为瓦尔比里人的裔传系统既不属于父系氏族性质，也不属于母系氏族性质，而是属于双系氏族性质。所以他们的攻击对象并不是他们按自己的意愿提出的那些任意的条件。再者，声称瓦尔比里社会与维克芒坎社会不同，它属于正常的澳大利亚的社会类型，并没有任何特殊之处，这实在是对事实的极大的歪曲。瓦尔比里人总的来讲隶属于阿兰达人（Aranda），但他们的亲属系统与后者却表现出极大的区别，承认五条后代，而不是四条［梅吉特（M. J. Meggit）：《沙漠人》，195 页，芝加哥，1965 年］。至于态度系统，我们指出它并不像人们想象的那样简单，并与埃尔金为了阐明澳大利亚所有社会——主要是那些具有阿兰达或尼乌尔-尼乌尔（Nyul-nyul）类型的亲属关系的社会（A. P. 埃尔金：《澳大利亚土著人》，115～122 页，悉尼，1938 年）① ——整体上所具有的“普遍原则”而描述的系统没有什么关系。

为什么会有这些误解？我们以相当明确的文字表达的东西，人们怎么会从中读出相反的意思来呢？实际上，他们把两种东西混淆了。首先，是在所有的、即便是非常简单的亲属系统中都必须存在的同盟关系；其次，是借用态度系统把这种普遍属性突出显现出来；如果在承嗣关系和血亲关系的对面没有一种同盟关系的话，这个态度系统或许不是一定地、但至少会相当频繁地失去平衡；结果，同盟关系就不应该显得不如其他两种关系那样“原始”。针对拉德克利夫-布朗以及与他同时代的、像他一样充满自然主义信念的人类学家们，我们用事实表明，即便是在最基本的层次上考虑，仅仅生物方面的考虑也不足以构成亲属关系：两性的结合和孩子的出生不足以产生亲属关系；它一开始就暗含着某种别的东西，也就是生物家庭之间的**社会联盟**，这些家庭当中至少有一个要把一个姊妹或女儿让给另外一个生物家庭。这一点，唯有这一点，是 1945 年的文字所陈述的、亲属关系的基本结构试图用事实加以示范的普遍原则。但是我们几乎没有想到要把这种普遍性扩展到态度系统——它使用某些尤其有利的实例来阐明这种原则——上，所以马上提出这样的问题：“为什么我们没有在所有的时候、所有的地方发现叔伯母关系呢？因为叔伯母关系如果出现得相当频繁的话，它并不是普遍性的。避免对它出现的情况加以解释是徒劳的，其结果只能是两手空空，一无所获。”（《结构人类学》，58 页）

175

---

① 要想了解对同样这些问题的不同处理方法，请参见我们的《遥远的目光》（巴黎，Plon，1983 年）的第四章。

1945年以期刊文章形式发表的文字仅限于利用可以找到的最简单的、最具有代表性的实例来阐明这个主题。选择舅舅来占据妇女提供者的位置是对这种挂虑的回答，因为这种选择可以用最经济的方式来说明某种由四个部分组成，通过联姻、承嗣和血亲等三种根本关系联结起来的结构。然而这并不意味着在所有的时候、所有的地方舅舅必须是提供者位置的唯一的或主要的占据者。在瓦尔比里人和非洲的勒勒人（Lele）那里都不是这样（因此对于瓦尔比里人来说，舅舅与外甥之间不再有何关系）。我们提出的假设仅仅要求在一切亲属关系的基本结构中，提供者的位置一定不能空下来。如果占据这个位置的不是舅舅单独一人，那么我们就会看到暗含四个以上的部分的、更加"沉重"的结构。铅元素比氢元素拥有更多的原子，但构成铅元素和构成氢元素的依然都是一样的原子。使暗喻保持有效的唯一条件，是不论组成成分的数目如何，把它们结合起来的各种关系的类型需要保持不变，彼此结合起来的种种力量需要构成一个平衡的系统。所有这一切都在1945年的文字中得到了明确的表述（《结构人类学》，59页），但是某些人依然不依照描绘好的大纲、沿循标明的路线进行调查，反而到处寻找最轻盈的形式，没有意识到他们经常遇到的一些系统就像我们已经预料到并公布于众的那样，它们的"组成单元……已经属于更加复杂的类型"，所以，"叔伯母关系……会淹没在已经变化的环境当中"（同上书）。

176

这就是我们今年在讨论几个引起激烈辩论的研究的时候想要证明的东西。它们不包括对新赫布里底的朗贲布人（Lambumbu）的研究：讲座就这个问题对迪肯（Deacon）的文章进行了仔细的分析，纠正了一个错误的诠释，并归纳出了一个简单的、可以被称为经典性的态度系统。它们主要包括对三个同样也给争论火上加油的社会中的态度系统的分析：这三个社会包括我们已经详细讨论过的维克芒坎人、新几内亚北部塞皮克河（Sepik）盆地的蒙都哥摩人（Mundugomor），以及非洲的开赛族（Kasai）的勒勒人。这种分析同样以已经提到的事实为基础，使我们得以说明某些比前面的态度系统更加“沉重”但依旧不失其平衡的系统。这些分析当中的一些将是下一本书的讨论对象；我们只需在这里提及一下。[①]

然而在这之前，我们试图了解为什么许多当代的澳大利亚问题专家如此强烈地攻击并试图摧毁那些从前的、关于这个大陆的各个群体的地方组织的理论，尽管他们承认这种地方组织已经一去不返，不可能再直接地加以观察。这些问题实际上是相互联系的，因为建立在态度系统的基础上的概念紧密地受制于个体之间存在的临近关系。研究表明，人们应该从婚姻交换的理论方面去寻找引发这些辩论的动力：大家争论不休的问题实际上是各个父系群体到底构不构成交换单元。但是，如果说——主要是在英国——存在着某些不慎之处的话，我们坚持强调说，这些作者把这些错误也放到我们身上，实际上是瞄错了目标，因为自从 1949 年《亲属关系的基本结构》发表以来，我们就已经证实某些现象的极度的普遍性，而今天某些人还天真地声称他们发现了仅存于澳大利亚系统中的区别特征。

177

与所有被接受的观点相反，我们把阿恩海姆领地的摩恩金人的系统表现为一种由两个母系部分构成的系统，在那里母亲的母亲的兄弟们彼此交换姊妹的女儿的女儿，因而立刻造成了这样一种奇特的矛盾：己身的部分只需要五代人就可以得到完全的表现，而另外一个部分即便是不避免使用重复的名称，也需要十代人。

然而尤其重要的是，当这个假设的作者本人意识到这种直接交

① 《对原子亲属结构的思考》，再版于《结构人类学》第二卷，第七章，巴黎，Plon，1973。

换“出现的情况并不是太多”的时候，他对它的应用进行了相应的调整。这里讲的是对如下系统的一种“非同寻常”的解释：这个系统的某些个人有时候可以占有优先的位置；而对于那些曾经生活在其他遥远的、实行姊妹交换的部落附近的材料收集者来说，它尤其引起他们的注意——因为这样他们就可以更加容易地把一种系统用另外一个他们熟悉的系统的语言翻译过来。实际上，随后发表的文章回到了更加合理的四分系统的观念上来。在四分系统中，各个构成范畴通过普遍交换的规则彼此联结起来。并且，认为外婚不一定 *178* 要在这些一半的半族之间实行的概念也不能成立，因为看一下沃纳的图表就可以发现，每个新的一半的半族实际上包含了两个以前的、处于己身的亲系两侧的亲系，根据我们自己从前提出的解释，它们当中的一个是“真实”的，另外一个是“反射”的；这样一来，称谓系统的这种一分为二使人总可以有两种可能的理解，一种意义的理解并不与另外一种理解相矛盾，它只不过是把另外的一种理解用不同的名称翻译过来。[①]

这些引人注目的、流露着作者的才能和理论独创性的研究说明了什么？根本地说似乎是这样一点：指定妻子（或者有的时候在澳大利亚是指定岳母）不是这个女性的父亲或兄弟的权利，而是母亲家的一位长辈的权利：在妻子的情况下，是母亲的母亲或者是母亲的兄弟。但是我们看到的是一种新的现象吗？它是不是仅仅出现在

---

① 这个讨论的出发点是夏皮罗（Warren Shapiro）先生的四篇文章：《“单亲”裔传系统中的亲属承嗣》，载《人》（*Man*），n. s.，第 2 卷，第 3 期，1967；《阿恩海姆领地东北的姊妹的女儿的女儿的交换》，载《西南人类学期刊》，第 24 卷，第 4 期，1968；《阿恩海姆领地北部的一半半族组织和岳母的赠品》，载《人》（*Man*），n. s.，第 4 卷，第 4 期，1969；《澳大利亚和东南亚的非对称婚姻》，荷兰东南亚和加勒比研究皇家学院（*Bijdragen tot de taal-，land- en Volkenkunde*），125 期，1969。

澳大利亚社会的区别特征，在东南亚和世界的其他地方从来都没有见过呢？自从1949年以来我们就指出，观察者们在描写舅舅介入婚姻的时候，很少指明这是新郎的舅舅还是新娘的舅舅。有的时候或许是两者都有。但是在亚洲地区的绝大部分或者是全部的情况下，婚礼上看到的是新娘的舅舅。比方说在印度，在67个舅舅介入婚姻的群体中，资料明确地表明其中的32个把这个义务交给新娘的舅舅；由于在其余的大部分情况中舅舅的身份没有标明，所以真正的比例还应该更大（《亲属关系的基本结构》，第2版，503～504页）。不论在莱克赫尔人（Lakher）、鲁斯海人（Lushai）、朗格玛纳加人（Rengma Naga）还是在卡特金人（Katchin）当中，舅舅收留部分或全部的结婚礼品；这种母方亲族代表的优先位置尤其突出地表现在：新娘的父母有意回避婚礼；新娘由母亲家的亲戚陪伴，舅舅和舅母把大部分礼品收留下来（同上书，301～302页，348～353页）。在亚洲大陆的另外一端，吉尔亚克人（Gilyak）和戈尔德人（Gold）也有类似的情况（同上书，346～350页）。 *179*

为我们收集了这些观察材料的作者们毫不犹豫地对它们作出了解释：在他们看来，在实际的父系氏族群落当中，这反映了母系氏族制度的残余。这个假设尽管如今已经过时，但它与某种前沿理论提出的假设出奇地接近：它认为这种现象即便不是母系氏族的残余，起码也是表现了母系亲族的优先地位。相反，在我们看来，最近发表的有关澳大利亚的观察材料为一种极其普遍的情况提供了有用的附加例证，所以我们建议把它们看作某种只可能通过一般的用语来笼统地加以概括的宏大的结构现象："在一个普遍交换的系统当中，尽管A从B获得妻子并是B的唯一的借方，依此类推，B是C的唯一借方，C是n的借方，n是A的借方，然而到了每次婚姻的时候，所有的一切都好像是B同样对n享有直接的债权，C对A、 n对B、A对C享有直接的债权”（同上书，352页）。而我们主张的解释比回归到古老的母系氏族的假设更有优势，因为它纳入了新郎的姑姑扮演的对称角色：在没有非对称婚姻的规则约束的情况下，两个角色在他们各自的侄子和外甥女的婚姻中的利益不是间接的，而是直接的。所以我们看到了某种“普遍交换的内在限制”（这也是书的第八章的标题）；通过这种办法，普遍交换中依据父系氏族构想的、有着松弛下去的危险的交换周期就像是短路了一样（同上书，356页、503～504页）。

180

一些自以为新颖的阐释不过是回归到了可以看成是早就过时了的古老的解决办法，但这并不仅仅出现在上述情况中。自从1930年左右，所有的澳大利亚专家们都申明并且重申这个论点：群（sections）和亚群（sous-sections）属于把自然和社会领域划分开来的范畴，它们并不直接地介入婚姻的规则当中；婚姻规则从根本上说是基于谱系上的考虑。可是我们现在看到有人建议把群和亚群当作是澳大利亚的婚姻规则的、以总体系统的形式出现的普遍基础，其目的是避免或限制相邻辈分的男人之间在婚姻上的竞争。然而他们没有问自己：在一些老人统治的社会里，如果人们的主要目的是从子孙那里夺走年轻妇女的话，为什么他们还要制定这样的一些规则；尤其重要的是，如果我们假设这些规则的目的确实如此，为什么这些系统无法被用来达到预想的结果。相对于让民族学理论遭受这些任意的摆布，我们更喜欢在群和亚群问题上遵循我们过去一直使用的细腻化的概念：这个准则或许有些简单化，并且在处理多种方言或语言之间的等同问题的时候容易运用；但是在完成自己的职能的同时，它同样不可以相悖于遍布于亲属系统、存在于它的内部，以及通过它来表达的更加复杂的规则。

第二十二章　博罗罗人研究现状

（1972—1973 学年）

周二的讲座用来研究博罗罗人的亲属系统。我们在研究中使用并讨论了最近发表的一些材料，它们包括两卷本的《博罗罗人百科全书》、克罗克（J. -C. Crocker）先生的好几篇文章，以及勒瓦克（Zarko D. Levak）先生一份尚未发表但允许我们事先过目的重要研究成果。从所有这些材料可以看出，简化到大约 14 个名称的博罗罗人的亲属称谓表现出了极端的简洁性；这种简洁早在将近一个世纪以前就在冯・丹・施泰南（von den Steinen）的调查中显示了出来。然而这种词汇上的贫乏通过使用两个修饰语而得到了补偿。两个修饰语或一起或单独地使用来对基本名称的本意加以修改。尽管人们花费了许多精力进行澄清，但它们的使用方式依然显得

181

暧昧。除此之外，一项对我们掌握的所有村庄的平面图的比较分析显示，南半部的各个家族的分布不合常理：在那里，同一个、有时候是两个家族占据的茅屋中间隔着其他家族的茅屋。而这些非同寻常的分布似乎起初就表现出某种恒常的特征。

这种亲属关系系统的明显特征是它的次序性的称谓语系统，它可以运用到同一个母系亲系的男人和女人上，而不计较他们的辈分。不过这一类的系统已经为人熟知，并且有两种解释：要么把它们当作卡特金人的系统，由于母系氏族裔传是印第安人的传统规矩，所以博罗罗人的系统就会像是镜子中的影子一样；要么把它们当作克劳-奥马哈人（Crow-Omaha）的系统，如果考虑到裔传规则的话，那就是克劳类型的系统。隆斯伯瑞（Lounsbury）错误地把两个系统归为一类，但是在博罗罗人的情况中，每种解释都会立即产生诸多的困难。如果说这个系统与卡特金系统相同，那么，被各种人种志调查以及我们曾经花费大量精力进行的对神话谱系的细致分析所证实的、对婚娶姑姑的女儿的偏好就变得无法理解，这是因为在这样的系统里，偏好应该是婚娶舅舅的女儿。如果说它符合克劳人的模式，那么表兄妹之间的婚姻本身，不论是偏好哪一侧，都会造成问题：因为克劳-奥马哈系统的特性就是禁止起码是最直接的堂表兄弟姐妹之间的婚姻。这还不是全部：如果把博罗罗人的系统当作克劳人的系统来处理，就必须使用比一般情况要多得多的简化规则，以便把同一个名称所指的范畴归结到简单的谱系位置上，最初的位置通过连续的延伸派生开来。

除了这些困难之外，还有其他的问题，因为博罗罗人的分成两个外婚半族的村落正常地讲应该导致对双亲交叉堂表亲之间的婚姻的偏好，然而就像我们表明的那样，博罗罗人对婚娶姑姑的女儿的偏好如此之明显，在神话谱系中几乎找不到任何其他例外。包括伊奥卢巴达尔（*iorubadare*）在内的某些名称通过它们之间的互换使用，仅仅让人想起两个半族的划分。然而这些名称尽管与这个系统的次序的和非对称的双重特征相悖，但它们可以被放在与其他名称不同的层次上，并把某些可以称为政治司法类型的关系翻译过来；所以它们处于真正意义的亲属系统之外。实际上在博罗罗人那里，联姻是在更加普遍的联盟的环境下结成的：社会联盟先于婚姻联盟，并比婚盟更加久远。由于联姻的父方倾向，每一个具体的婚姻都在亲系之间建立某种不平等以及某种非对称关系，这些非对称关系置身于一个由只可能在半族的层次上表达出来的、平等的、对称的关系构成的更加一般的网络当中。这些内在的矛盾或许可以解释为什么不同的调查者之间会出现矛盾：他们在描绘命名仪式和接纳仪式的时候，时而会把父亲的母系亲系与母亲的兄弟的母系亲系所扮演的角色混淆起来。 *183*

所以，博罗罗人的社会组织和他们的亲属系统面临着一大堆不解之谜。为了把这些谜解开，我们首先把注意力放在神话上。在博罗罗人那里，神话往往表现出传奇的传统。然而就像克罗克指出的那样，这些神话与其说是澄清了这些矛盾，不如说是反映了它们：神话时而说一些家族的祖先是一些不同的东西，它们来自不同的地区，本身往往来源于异常凶猛、充满敌意的动物；时而相反，说家族和亲系的奠基祖先是洪水之后的唯一幸存的男人与一只母鹿的共同的、爱好和平的子孙后代。所以，重点被交替放在各个社会阶层的特殊之处以及它们的身份上。另外，我们尤其把注意力放在了其他的神话上，它们自称解释如何在开始的时候各个家族或家族分支对某些优惠或特权发生了激烈的争执，在经过谈判之后，它们根据这样一个原则来分享这些特权：一个社会阶层所公认的神秘属性同样也暗示着另外的半族的另一个阶层也享有相应的、行使同样权利的权利。这样，整个神话都在等同和不平等这样两个矛盾的原则之间困难地寻求一种平衡。

就像从前指出的那样，这些故事给人的印象就好像是描绘了一个几乎未加修饰的、保持了本来色彩的历史。所以我们觉得应该把注意力转移到比较研究上来，对博罗罗人的占优势的社会条件以及属于格族语族的其他各种不同的群体的社会条件加以比较；这些群体处于博罗罗人的北部和东部，文化上具有相似的地方，表明它们历史上有所接触或者可能是同根同源。早在 20 多年以前我们就表明，在它们当中的谢伦特人的社会里，亲属系统与婚姻规则之间表现出了种种矛盾，它们与我们今天在课堂上示范的博罗罗人的矛盾十分相似。

184

有关的材料包括我们过去的研究成果，梅伯瑞-路易斯（Maybury-Lewis）先生、吉亚卡里（PP. Giaccari）和海德（A. Heide）在最近发表的对沙旺提人（Shavanté）的调查，还包括德雷福斯-加梅隆（Dreyfus-Gamelon）女士对卡亚波人（Kayapo）的调查和特纳（T. S. Turner）先生在这个题材上的尚未发表的一篇重要著作（他非常客气地让我们得到了一份打印手稿），在它们的基础上，我们有两点想法。首先，不论我们对把沙旺提人的亲属系统归结到达科他系统的类型当中的做法存有多少保留态度，如下的事实给人留下了深刻的印象：这些印第安人的亲属称谓建立在亲属与同盟两者之间的根本区别的基础之上，但是他们并没有与这种区别相吻合的婚姻规则，后者通常一方面把嫡亲和平行堂表亲属、另一方面把交叉堂表亲属分别放在不同的范畴里面。然而沙旺提人禁止交换姊妹；在他们侧重的婚姻类型当中，似乎只有单边的交叉堂表姐妹被排除在外。所以他们的系统表现出了一种与博罗罗人的系统类似的矛盾特征，只不过这种矛盾在不同的地方表现为相反的形式。

其次，所有最近从事格族人研究的调查者都一致指出，在这些部落的社会生活当中，亲属联系在各个派系之间所起的作用不像政治冲突的作用那样重要。与博罗罗人一样，我们发现格族人对谱系的态度也很漠然。然而与格族人社会中发生的情况相反，博罗罗社会中很少出现类似格族人的冲突；或者更准确地说，所有的一切都好像是这些冲突被每一个家族内在化，并且以一种非常缓和的方式展现在各自的亲系之间。在这些条件下，我们觉得不应该把博罗罗人的系统解释为卡特金类型的系统，而是应该像勒瓦克那样，把它看作是克劳类型的系统（卡亚波人的系统毫无疑问地属于这种类型），只不过在两个半族的家族、家族分支以及亲系之间建立的交互联系已经使它发生了深刻的变化。在这些交互联系中，联姻不过是其中的一个或许不那么重要的侧面。这些联系有可能是一些应该 *185* 被称作立法者的人实施的某项或某组改革带来的后果。这些改革的目的是铲除格族人的各个部落一直无法摆脱的、在前面提到的第一组格族人神话中的某种派系斗争。这样，我们就可以理解为什么在印第安人那里，婚姻规则与亲属称谓系统表面上看来所规定的规则之间存在着如此明显的矛盾。

如果这个假设得到证实的话，那么顺理成章的结论就是博罗罗人向我们提供了这样一个实例：一个所谓的“原始的”社会的发展为纯属政治上的考虑所驱动；这也反映在博罗罗人的神话当中，一类非常特殊的神话故事表现了这样一种幻想：个人之间、群体之间、死人与活人们之间可以完全一致。与天真的进化论的预见相反，博罗罗人为了解决某种政治上的问题，实际上是放弃了复杂的、依然表现在其词汇当中的亲属结构，而选择了一种更加初级的结构，以便在未来控制他们的社会活动。

第五部分

民族，世系，家宅

第二十三章　家宅的概念

（1976—1977 学年）

我们知道，在世界上一些不同的地方，有些社会是由一些既无法按照家庭，也无法按照氏族或世系定义的单位组成的。今年的课程是要说明，为什么必须在术语中引进家宅（就这个词在人们所说的“贵胄之家”的意义上而言）的概念才能理解这些单位；也就是说，一个迄今仅在复杂社会里才能看到的社会结构的类型，为什么在研究无文字社会时同样派上了用场。

第一个例子是英属哥伦比亚地区的夸扣特尔族印第安人。当人们着手研究他们之初，即 19 世纪末叶，这些人被以为正处在从母系制度向父系制度演变的过程当中。后来，由于有了更完整的资料，大家又接受了相反的假设。今天，大多数民族学家都认为夸扣特尔人有一种不分亲系的制度，可是这并不能令人满意，因为他们的组织形式明显有着一些父系制度的特征，但同时也带着母系制度的某种色彩。不过，这些原则却没有一个标志明确的领域，因此无法把夸扣特尔人归入双系裔传的社会之列。

与夸扣特尔人相邻的沿海偏北地区的民族有着明显的母系裔传制度，但却没有妨碍他们拥有同一类型的建制。所以，如果我们只限于考虑继嗣和裔传方面的规则，这些建制便解释不通。

190 加利福尼亚的余豪克人（Yurok）的情形进一步强化了这个负面的结论，并且暗示出这个问题的一个答案。实际上，余豪克人向观察者显示，他们在裔传、政治、权威乃至在社会组织方面并没有明确的规则。不过，这是因为，在他们那里，被民族学者视为只是一些简单的建筑的家宅——照他们的语言的叫法——其实是名副其实的权利和义务的主体。余豪克人的家宅是不能归结为一处居所的。世代相传的居住者——无论是男系亲属（agnats）还是母系亲属（cognats）——和同居的远亲、联姻亲属，有时还包括一些客户，都对物质的和非物质的财产行使掌控权。因此，只根据余豪克人所不具备的特征去描写他们的社会组织，并且得出它根本不存在的结论，这个思路是错误的。这是因为我们缺少家宅这个概念可供使用。家宅是一个持有领地的法人，它世代相传，全靠着自己的名字、财富，以及它在实际的或虚构的世系中的名号。这个世系被认为合法的唯一条件，是这种连续性能够在亲属关系或联姻关系的语言中得以表达，而且，最常见的情形是两者兼有。

然而，在欧洲和世界其他地区，中世纪的家宅显示出一模一样的特点。它们的性质同样是首先拥有一块由物质的和非物质的财产构成的领地——即所谓的“荣耀”——其中甚至包括来自超自然的财宝。不论是在联姻关系还是在收养行为方面，这些家宅为了能够一代代地传下去，在很大程度上必须求助于虚构的亲属关系。当缺少男性继承人的时候，或者有时跟他们竞争时，姐妹们也可以把名号继承下来，要么是理所当然的，要么是借助于“搭桥铺路”。夸扣特尔人即依循这样的规则，姐妹们向子女传授特权，后者通过这种规则从外祖父那里将其接受下来。或许就是出于这个缘故，有些明显属于父系的制度非常重视母方的姓氏。

最后，在所有“家宅式”社会里都可以看到一些对立的原则之间存在着张力甚至冲突，而它们在其他地方是互相排斥的。例如，在承嗣关系与居所之间、外婚制与内婚制之间，以及——借用一个虽属中世纪，但完全适用于其他情形的术语——在种族权和选择权之间。 *191*

让我们总结一下。我们从社会结构方面考察了一些适合于解释在时空间隔极大的民族里反复出现的社会建制的共同特点。我们认为这些特点来源于一种结构状态；在这种状态下，政治和经济的利益趋向于侵入社会领域，但尚不具备一种专门的表达语言，而且，由于被局限在唯一可以使用的语言即亲属关系的语言中，所以它们不可避免地会对后者造成破坏。

这门课程明年仍将继续。我们将以论文的形式重提今年讨论的课题。[①]

① 这篇文章后来成为《面具之道》的第二部分的第二章，见于该书的修订增补版（巴黎，Plon，1979）。

第二十四章　关于印度尼西亚的论述

(1977—1978 学年)

今年我们要继续 1976—1977 学年开始的对所谓 *192* 母系亲属社会的研究，但是我们将把注意力放在世界上的某一地区：印度尼西亚。原因是这种承嗣关系在那里十分流行。民族学家近来主要用英语从事这方面的讨论和发表成果，因此一些术语专词方面的问题已经出现了，而且往往使其他国家的研究人员和分析家感到不知所云。因此，我们的第一件任务就是先试着解决术语问题。

盎格鲁-萨克逊国家的民族学家们所说的 corporate groups 一词究竟是什么意思？这是首先需要澄清的。对于这个短语，已经提出了几个神乎其神的译法。不过毫无疑问，这个字眼指的是我们这儿叫做具备法人人格或公民人格的群体。可是，许多法国民族学家遇到的困惑怎么解释呢？我们认为，这里边有两条原因。

首先，由于这个字眼出自缅因（Maine）的著作，在英国法律思想里，只有 corporation aggregate 才被认为实际存在，至于 corporation sole 却被认为属于一种虚构。可是，相反的看法在法国却更为通行，因为只有生搬硬套才会导致从一个由个人组成的集体中看到人格的法律表征。这就像罗马法早已说过的，"他履行了一个人的角色"（*personae vice funguntur*）。可是，正如一些习惯法的制度那样，corporate groups 是以市镇的形式在英国诞生并取得发展的；而且，把这个概念扩大到那些没有文字、不具备形式化的法律规则的社会，要比把属于成文法的法人概念运用于这些社会容易得多。

其次，为了绕开权利和习俗这一区分，操英语的民族学家拥有一个概念工具，即 jural（"法律的"）这个形容词所蕴含的意思；弗思认为"这个字眼使用起来方便，但是意思含糊，它可以涵盖一个法律和道德的混合体"。可是，我们却没有它的对等词。也许我们应该为此庆幸才对，因为意思含混的 jural 一词方便了各种各样的滥用，它时而与 légal（"法律的"）相对立——不过此时与道德的或习惯的制约相互混同——时而相反，与 moral（"道义的"）相对立。然而，这后一个范畴在个人意识与内心感官（sens intime）的领域中遭到了摒弃，因为在民族学家和社会学家的眼里，任何道德价值都不可能摆脱哪怕是含混不清的集体的认可。

在英美民族学家那里，jural 一词固有的暧昧不明造成了两个后果：它有时会导致一个像 corporate groups 一词那样啰嗦的定义，正如福特斯所做的那样，由于一个接一个地放弃了承嗣、居所和财产等标准，只留下群体这样一个权利和义务的主体，那么译成法语后，除了只能说法人就是法人以外，什么东西都剩不下了；还有的时候，它导致有些美国民族学家完全不理睬这个概念的法律根源，结果是乱用一气，可说是“用什么调味料都行”，随便用它来剪裁社会现实，而根本不顾这些随心所欲的剪裁能否为公众所理解。

留意到上述几个方面之后，我们便把民族学目前存在的一些举棋不定之处找了出来。看来民族学是在继嗣、财产和居所当中徒劳无功地寻找母系亲属社会的组织原则。我们以弗里曼（Freeman）、阿拜尔（Appell）、赛瑟（Sather）和金（King）等人的工作为主要根据，注意到拜尔尼奥地区的伊班人是以区分家庭为社会基础的，*194* 每个家庭都永久地具有公民人格。然而，类似的社会单位在伦古斯人那里却丧失了永久性；至于巴尧劳特（Bajau Laut）人，公民人格的一切表现在那里都无影无踪了。为了找出社会秩序的基础，我们不得不沿着亲属关系和裔传关系一路追踪到财产关系；在缺少一条永久继承规则的情况下，我们还要追踪到一个世袭的执行机构或者领地，随后再追踪到大多属于随机性质的居所关系。与此相关，理论的视野也逐渐发生了变化。原因在于，如果说伊班人的 *bilek* 家庭和伦古斯人的 *nongkob* 家庭依然表现为真正的群体，因而允许运用“实质主义”的分析方法，那么换成巴尧劳特人，这种方法就变成仅仅是“形式主义”的了，因为只有结成群体的方式在那里依然如旧，可是内容不断变化，持续时间也极为短暂。

调查范围扩大以后，我们看到社会秩序的构成群体的概念——这些群体被视为具有公民人格——逐渐瓦解了。我们曾经借助过的嫡亲关系、财产和居所等概念也在解体。但是，此时浮现出一个未曾预料的标准，即联姻关系；它来源于这样一些现象：无论在拜尔尼奥还是在爪哇岛，夫妻关系构成家庭的真正核心，而且在更普遍的意义上，也是亲属关系的核心 。不过，联姻的这种核心角色有两种表现。其一，作为一条统一的原则，它支持我们自上一年以来便赞同称之为“家宅”的那种社会结构；其二，联姻关系同时也表现为一条对抗性的原则，因为在我们所考察的情形里，每一个新的联姻关系都会引起家庭之间的某种紧张状态，核心问题是新婚夫妇的居所——无论是从夫居还是从妻居（viri-ou uxorilocale）；也就是新婚夫妇负责传宗接代的两个家庭的居所。我们知道，在伊班人以及其他一些民族那里，这种紧张状态表现为一种裔传方式，即弗里曼所说的“超世系的”（utrolatéral）方式，就是把小孩归属于父母在他们降生之时所选定居住的家庭，这个决定是由父母自主地做出的，同时也是针对他们所受到的各方压力的一种回应。所以，民族学家时而在裔传关系方面，时而在财产方面，时而在居所方面力图为这种制度找出一个基础的做法是犯了一种路线性错误。与之相反，我们认为必须把思路从寻找一个客观的基础转入寻求把一种关系客体化：例如不稳定的联姻关系——作为一种制度的家宅的职能就是将其固定下来，尽管这种固定形式是虚幻的。

195

实际上，就像马克思把拜物教的概念运用于商品那样，我们也不妨把这个概念移植到家宅上面。在马克思的思想里，交换的价值以商品的形式受到偶像般的崇拜，成为某种关系的内在属性；正因为这是一种关系，它无法充当任何一种表征的基础。不过，在一些可能会被马克思叫做“前资本主义的”社会里，社会经济的基础结构的最明晰的表达方式是单系的裔传体系。这些体系其实就是个人与群体之间的一些社会关系，他们以或稳定的或临时的方式相互履行着妇女的提供者和接受者的职能。如果我们的这种概略的说法可以说得通，这就意味着一种再生产者的关系，而不是生产者的关系。在一些特殊的社会形态当中——我们必须把握它们的轮廓——这种关系变得十分紧张，它会被视为一个事物，而且在家宅内部客体化。作为一种特殊的建制，家宅应当在术语里占有它的位置，因为它的存在跟单独看待的继嗣关系、财产和居所都没有关系，它更像是某种关系的投影，这种关系有可能显现为这些虚幻的形式中的一种，或集数种形式为一身。

于是，在我们所考察的地理范围内，我们仍需为作为拜物教的对象的家宅找出具体的例证，并且找出衍生了这种表象的结构核心。苏门答腊的卡罗巴塔克人（Karo Batak）和帝汶的阿陶尼人代表着两种极有意义的情形，因为在他们那里，尤其是在后者那里，住所通过丰富多彩的装饰和复杂的建筑样式，以及建筑物主体部分的每个成分、家具的分配和居民分布所附带的一整套象征手法，形成了一个名副其实的小世界，细致入微地反映出宇宙的画面和社会关系的整个体系。卡罗巴塔克人的另外一个令人感兴趣之处，是近来有一篇专门研究他们的论文，作者本人辛嘎林贲（M. Singarimbun）先生就是卡罗巴塔克人的一员，因此能够从内部进行观察。

196

因为自身便属于被描写的社会，因而享有某些优越之处，但这并不意味着在其他方面同样如此，因为由一位成员所构拟的社会模型不一定比外来人所构拟的更符合真实。例如，辛嘎林贲先生没有考虑从前的一些荷兰籍作家所作的观察，他们描绘的卡罗巴塔克人的社会建制的图景有时与日本占领时期和印度尼西亚独立以后的存留的状态颇有不同。再者，辛嘎林贲先生根据巴塔克人（Batak）人的事实，全力质疑所谓“卡特金-吉尔亚克”模式，因而陷入了一个虚假的问题。原因是，如果说，关于联姻的术语在两种情形中都区分了妇女的提供者和接受者，而且舅舅的女儿也出现在优先婚配的行列里，那么只要仔细看一下亲属关系的术语就能够看出，这套语汇在卡罗巴塔克人那里是在世代的水平层次上组织起来的，从而不具备前一种系统所特有的斜交叉性（同样的称谓语在那里适用于后续世代的相同成员），因此它显示的完全是另一类型的社会。所以，不应该用它来大肆攻击某种以过于简单的方式归结到包括我们在内的、不同的著作者身上的诠释方法——我们研究的是不同的社会。

对于我们这个学年关注的课题来说，卡罗巴塔克人的情形的主要意义在于出现在母系联姻体系与政治和居所规则之间的矛盾。在第一种情形下，“提供者”优于“接受者”，联姻关系因此显示出亚婚制的特点。反过来，一个村落建立在这样一个基础上：作为主导者或领导者的家族（ruling lineage）总是需要它的接受者和提供者“入伙”，所以至少在这种关系中，后者从属于前者。然而，卡罗巴塔克人的普通家宅在理想状态下可寓居四个、六个或八个分住在平列的单元内的家庭，它反映了上述矛盾，同时，居所似乎是按照解决或者掩盖这个矛盾设计的：处于主导地位的家族住在所谓的“底部”的单元里，其“接受者”的家庭住在相邻的单元里，而“提供者”的家庭则占据着位于“上峰”的单元，即处于卑微的地位（因为底部的单元较为宽敞牢固），但同时又因为位于能够享受早晨的清爽空气的东部而处于有利地位，而清晨空气要比午后的闷人酷热对居民友善得多，午后的酷热带有消极含义，由主导家族为保护其他单元而正面遮挡。 *197*

此外，如果说接受者的地位低于提供者，那么一位卡罗巴塔克妇女的地位是低于她的兄弟的，而且一结婚就被自己丈夫的家庭所接纳；然而，作为妇女的“接受者”，这个家庭的地位又低于为它提供妇女的家庭。换言之，起初的那种男系亲属关系——在不同性别的堂兄弟姐妹之间——后来变成了一种联盟关系，因为女子一结婚就变成了娘家对立面的一位盟友；或者说，新婚夫妇至少成为两个男系亲属家庭即妻家和夫家之间的结合点。这样一来，还是在这种情形下，整个体系的重心从血缘关系转移到联盟上来了。

帝汶的阿陶尼人的情形大体相似，但必须补充一条差异。就像诺德霍尔德（Nordholdt）和科宁翰（Cunningham）的著作已经明确指出的那样，一方面是接受者和提供者之间的不平等，另一方面是他们同样附属于在政治和礼仪方面的主导世系。这种矛盾跟另一种矛盾是完全对等的，即同时使家宅或村庄“内部”的女性附属于“外部”的男性，又使“边缘”附属于“中心”，尽管边缘与外部相对应，中心与内部相对应。同样还是在这种情形下，如果为了理解这些矛盾的性质和根源而把谱系群体当作出发点，而且打算从中找出某种社会秩序的原则，将是徒劳无功的。如果像有些人所做的那样，转而求诸领地的位置，那仍然解决不了问题。因为，位置照样不是一个初始的给定事实，而是两个群体之间的关系的一种空间投射，为的是建立起一个比家宅更加虚幻的单位——因为按照伊班人的一个戏谑的说法，家宅连仇敌也能够容纳。因此，“家宅式”社会所做的事情，其实就是在失而复得的统一性的外表之下，将提供者和接受者之间的对立具体化；继嗣关系和联姻关系之间的对立同样必须超越；正如我们上一年已经指出过的，两者在这样的体系里等同起来了。阿陶尼人的例子证实了这一点，因为在他们那里，舅父可以要求外甥继承他的姓氏；一个群体把一个女子出让出去的时候，同时也获得了一个继承人，一切似乎都表明，妇女在自己本来所属的群体内养育了继承人，无须联姻亲属的干预。

198

我们以关于巴厘社会的几条看法结束课程。我们根据的是以往荷兰人的著述和较为新近的观察，例如贝罗（Belo）、贝特森、米德（Mead）、H. 格尔茨和 C. 格尔茨（H. et C. Geertz）、布恩（Boon）等人的工作。在我们看来，格尔茨夫妇面对巴厘的所谓的“达迪亚”（*dadia*）制度所遇到的尴尬特别能说明问题。他们在贵族当中看到它的时候，笔下便自动地出现“家宅”这个字眼，而且不无道理；可是，轮到村庄场所时，他们就不知道选用什么定义才好，终致在世系、种性、祭祀联盟和派别之间犹豫不决，没有下结论。布恩后来说："这里头什么都有那么一点，甚至有时还有政党。"旧日欧洲历史学家所描述的家宅，其真正含义难道不正是包含着所有这些方面吗？家宅难道不同样是诞生以后又消亡了吗？为了理解村庄达迪亚制度的性质，看来只要把这些其他的社会经验跟种族研究数据加以对比就足够了，因为实地调查者从他们观察的现象里往往看不出此类社会经验——他们得来到民族志论文以外，即历史学家的著作中去寻找。

而他们在历史学家的学校里了解到，在中世纪，有一些持久程度不一的构造，性质和来源都杂糅不匀——社区、商业或者宗教机构、行会、同业组织，等等——有时能够取得一种如同封建采邑所享有的独立性和自主性，而且一个社区有时候仅仅包括城市中的一小部分居民；权力时而由全体居民的代议组织行使，时而掌握在若干世系手中；家族之间的联盟为行会等组织提供了一个哪怕是虚幻的模式，行会的功能起先是宗教性的，后来又变成了主要是经济的；最后，他们了解到，民众社区有时能够进入封建等级体系。尽管所有这些特征混杂不一，或者说正因为如此，它们完全适用于达迪亚制度，然而它们之所以能汇聚到与封建家宅相容的种种类型的社会构造，仅仅是因为封建家宅靠着它的 *sacra* 即家谱、种性精神、经济和政治利益等东西，已经把它们包括在内了。所以，从 1976—1977 学年的课程之初所讲的封建家宅出发，我们这一年的讲座在收尾的时候也以封建家宅作为标杆；这是一场研讨的第二阶段，明年还将继续下去。

199

第二十五章　美拉尼西亚的问题

（1978—1979 学年）

200　周二的课程完全用于探讨美拉尼西亚，我们在寻找世界这一部分是不是具备“家宅式”的制度化形式，或者说，这些制度化形式是否由于来源于母系亲属关系而与之相应，还是由于来源于两个相互竞争的裔传方式之间的冲突，也就是说，出于赋予社会秩序某种与世系有别的基础的必要性，一种摆脱现实或“血缘纽带”的神话的必要性，从而有利于居所或其他确定身份的形式。

这样说并非由于新几内亚和附近海岛上没有纯粹意义的“家宅”；好几个群体都有一些其成员共同生活在一些材料虽简陋，但相当宽敞的住所里的小群体，这就显示出一种复杂的结构，它折射出并象征着社会和政治组织的所有方面。不过，社会纽带的这种物质形式的表象可以有不同的侧面：“氏族船”［见维尔茨（Wirz）：努姆弗尔人（Numfoor），比亚克人（Biak），玛兰阿尼姆人（Marind-nim），格格达塔人（Gogodára），等等］；“大鱼网”［见格罗夫斯（Groves）：莫图人（Motu）］；或者采用比喻的说法：“耳环”［见帕诺夫（Panoff）：玛恩哲人（Maenge）］……一般说来，这些围绕着实际物品聚集在一起或者得名于该物件的构造都超越、符合或超出了家庭组合与世系。即使它们的内核在本质上是世系的，它们也能毫无困难地接纳一些通过母方联姻、母系亲属关系以及经济庇护与政治赞助关系招收来的附加成员。

这就造成了制度方面的广泛的细微差异，而且一次概略的取样活动证实了这一点。样品来自布撒玛人（Busama）和陶安比塔人（Toambita）［据霍格宾（Hogbin）］，西乌艾人（Sivai）［据奥里维埃（Oliver）］，新不列颠西南部［据托德（Todd）］，舒瓦瑟尔人（Choiseul），森博人（Simbo）［据谢夫勒（Scheffler）］，玛恩哲人（Maenge）（据帕诺夫）以及其他一些地方。这同样能够解释观察家和分析人员面对一些变化迅速、令人费解的社会结构时所遭遇的困惑。他们曾经试用不同的办法加以解释。是否应当认为世界这一地区的民族具有随机变通的特殊天赋呢［海尔德（Held）语］？要么相反，是否应当努力建立起一份细致的分类表，为每一种制度形态都保留一个位置呢［例如霍格宾-韦奇伍德（Hogbin-Wedgwood）］？另一方面，与至少表面上基于不同原则的非洲体系相比，美拉尼西亚制度如此纷繁特殊的问题又怎么解决？用父系裔传的概念取代“积累的父系继嗣”吗［巴恩斯（Barnes）语］？求助于个人策略的主导地位吗［卡贝瑞（Kaberry）语］？还是说，把某种启发意义价值还给裔传的概念，同时又将其归结为一个“用于分析的概念”［拉方丹（La Fontaine）语］？再要么，为它保留某种具体的现实

201

性，但采用有别于仅根据谱系确定的其他标准［例如斯特拉森(Strathern)］？

我们是通过一个例子深入这些问题的。这就是梅吉特曾经专门写过大量文章的玛艾恩嘎（Mae Enga）人。他把这些人按照男系亲属关系的社会来处理，尽管他们的父方世系镶有一圈母系亲属的边饰，而且也许比我们当初认为的更重要［麦克阿瑟（McArthur）］。按照巴恩斯（Barnes）的说法，应当走得更远一些，承认玛艾恩嘎人的男系亲属关系构成了一种表达社会关系的语言，虽然运用方便，但并不总是反映客观现实。按照这一观点，美拉尼西亚社会和非洲社会在结构和招收成员方面都不一样。结构在一种情形下是类推性的，在另一种情形下却是谱系的；招收成员在此地通过裔传关系进行，在彼地则通过承嗣关系完成。

202 借这个机会，我们重新审视了这两个起源于英国的术语。然而，我们看不出儿子与父亲的关系（应属于承嗣关系）较之孙子与爷爷的关系（按福特斯的定义属于裔传关系，因为他说："后裔指以父母为中介的己身与前辈之间的关系，前辈即指任何一个在家谱中属于祖父辈或更早辈分的先人……承嗣关系指身为特定父母的孩子这个事实"）有哪些更多的或另外的东西。我们甚至试图指出这个论点包含着一处矛盾。一方面，它的捍卫者要求人们把这两个概念对立起来；另一方面（鉴于它来源于巴恩斯所作出的附加区分："谱系裔传关系"和"类推的裔传关系"），他们又绝对地只承认一种来自连续承嗣的裔传关系。可是，正如英国人也说过的，一个人不可能既吃掉蛋糕又把它保留下来。也就是说，不可能既声言把承嗣关系和裔传关系截然分开，又把对裔传关系的唯一的合理理解限制在亲属的一系列谱系上。

总而言之，我们撞上了一种埃利亚学派式的焦虑，其本质是只考虑词项，而没有考虑关系。在这些关系当中，应当最先保留的就是关于主导、身份和权力的关系了。玛艾恩嘎人的社会像其他许多社会一样，属于由男性主导的社会，因为是男子们在交换妇女；不过，这种情形并不影响裔传的规则，因为它在父系社会和母系社会里同样都有所表现。接受者和提供者的各自身份属于同样的情形：亚婚姻和超婚姻顺应裔传关系的任何一条规则。反过来说，当接受者的权力——不可混同于身份（例如我们上一年曾经给出的一些印度尼西亚的例子：接受者在政治上优越，在身份方面卑微）——优越于提供者时，社会便展现出一副父系的或男性亲属的面孔；情形相反时便有母系亲属的面孔。母系亲属制代表着一种中间状态，从事交换的群体之间的张力多少可以取得平衡。因此，母系亲属制从来都是从一种关系当中诞生的，分界线有时从交换群体之间划分，有时则像在新几内亚常常看到的那样，是按照性别划分的，而且体现了一种男性原则和女性原则之间的对立状态。 *203*

这个例子跟其他许多情况一样，一旦把社会学概念“男系亲属关系”与生物学甚至心理学的事实混淆起来，就会出错，因为那样就必定陷入自然主义和经验主义的陷阱。库克（W. A. Cook）对于芒嘎人（Manga）的研究正好相反，他提醒我们把新几内亚的体系的一些母系亲属的方面看成结构特性的表现，这些特性正是所谓“易洛魁”型的亲属关系称谓语所具有的特点，而且可以让我们自动地把一些非男系亲属关系的范畴转换成男系亲属关系。

当我们把玛艾恩嘎人、门蒂人（Mendi）［据达西里安（D'Arcy Ryan）］和胡利人（Huli）［据格拉斯（Glasse）］的社会组织拿来比较时，最初的印象是我们在逐渐远离一种男系亲属关系的体系，而且在胡利人的案例里接近了另一种关系，即明白无误地属于母系亲属关系的体系。实际上，这种颠倒过来的局面只是幻觉。达西里安关于门蒂人的著述阐明了男系亲属关系所扮演的角色，这种角色在任何地方都不反映谱系现实（连在非洲也是如此），但至少在新几内亚，它提供了某种近乎康德式的观念程式，通过这个观念程式，在经验现实（与这个观念程式不符，因为非男系亲属关系代表着50%的氏族实际人数）和父系意识形态之间实现了某种调和。除了程度上的差别以外，我们看不出胡利人的情况有什么大的差异；这一点杰克逊（Jackson）在对格拉斯的论文的评析里已经明白地指出了。甚至在没有父系裔传群体的人当中［克雷格（Craig）］，社会结构也呈现出一种十分明显的男系亲属关系的取向。

对于这些把男系亲属关系和母系亲属关系相混合的形态，许多著作者［兰涅斯（Langness），勒拜旺士（Lepervanche）］解释为处于战争状态下的社会为了增加战争的适龄男子而不得不利用各种办法（包括吸收母系亲属、收养、归化，等等）。但是，这是个次要的方面，而不是根本原因。在那些权力的维度与亲属关系和联姻的维度刚好巧合的社会里，权力可以完全地或主要地通过后者得到表达。与此相反，一旦发生分离，亲属关系的语言便不再适用了。此时，我们便自然地进入（拥有一个或多个首领的）居所以及政治斗争的维度了。在这个意义上，我们更为关注几个新几内亚社会里那种会被欧洲中世纪学者叫做“种族的姓名”和“领地的姓名”的两者共存的现象，同时也更注意前者可能以何种方式隐藏在后者的背后。这种出现在世界上许多相隔遥远的地区而且时代十分不同的现象提示我们，这些也许代表着某些社会类型的一种特殊的特点。

204

这些社会实际上都面临着同一个问题：男系亲属的世系与全体母系亲属如何合并。为此，必须创造或者采纳某种机制，以便与一部分亲属自动地拉开距离，否则后者就会无尽无休地一代代延续，男系亲属便会在非男系亲属的大量繁衍中淹没无踪了。人们于是产生了一个疑问，我们已经提到的那些出自库克笔下的过程并非将男系亲属变为非男系亲属，其后果——也许目的也是如此——是否会造成一部分母系亲属远离男系亲属的核心？换句话说，问题是要在亲族当中作出某种挑选，从而使得若干成分能够加强男系亲属的世系，并且使得另外一些完全被滤除。然而，看来发生在许多不同社会里的正是这种情况：卡马诺人（Kamano）、乌苏鲁法人（Usurufa）、扎特人（Jate）和弗勒人（Fore）［据伯恩特（Berndt）］、达利比人（Daribi）［据利奇和维纳（Leach，Weiner）］和特洛布里恩德岛人（据利奇和维纳），等等。把某一类亲属称为"忌讳"的并非只有特洛布里恩德岛人。新几内亚和澳大利亚也同样有这种习俗。在马达加斯加，国王昂迪安马内罗的姐姐的女儿名叫 *Rafotsitahinamanjaka*，它的意思可以是"严禁接触的那一位"。说明这个现象需要利用一种范围更广的解释，超越比利仅仅建立在特洛布里恩德岛的现象基础上的诠释。我们还利用了费伊（Feil）最近发表的研究成果。在谈到通贝玛恩嘎人（Tombema Enga）的时候，他清楚地说明了称谓语的内在规则（与库克所描写的完全相同）如何促进了男系亲属关系向非男系亲属关系的转变，两者之间可以建立起交换活动的仪典性关系，而这些关系在男系亲属关系中是不可能的。正像麦克道维尔（MacDowell）就俞阿特河流域的一个民族所指出的，交换的概念在这些社会里享有某种高于裔传和承嗣的优先性。 *205*

在再次讨论这一点之前，用理论语言对我们从好几个新几内亚社会里找出来的主要问题作出一番整理是十分重要的。其中第一个问题涉及称谓语的定义。那些已经被认可的范畴很难涵盖新几内亚的称谓语。人们常常会为某个体系究竟属于所谓"夏威夷"体系还是"易洛魁"体系［可参阅普维尔（Pouwer）和范德里登（van der Leeden）关于萨尔密人（Sarmi）的争论］，另一个体系属于"易洛魁”体系还是“奥马哈”体系［恩嘎人、芒嘎人（Manga），等等］而犹豫不决。这些不确定性同样反映出一种欧洲以前曾经面临过的状态；我们还根据泽莫任伊（Szemerenyi）新近发表的一篇论文，在有关新几内亚的讨论与印欧文化学者当中进行的讨论之间，作出了一番建议性的比较 。

另一个问题涉及在新几内亚观察到的那种称谓语与婚姻规则之间的不协调现象。冒着把问题过于简单化的风险，我们几乎可以认为，只有“奥马哈”诸体系［伊亚特姆尔人，星山人（Star Mountains），达尼人（Dani），特洛布里恩德岛人等］才优先地跟“易洛魁”体系相伴相随，而且“易洛魁”体系也伴随着“奥马哈”体系的种种禁忌。但是，在可以为后一种情形提供出色例证的恩嘎人和迈尔帕人（Melpa）那里，引人注目的是属于复杂结构的婚姻交换活动与一些仪式性交换活动并行不悖，这些仪式性交换活动从妇女的接收者到提供者，然后沿着这根链条反方向进行，它们属于一些我们不妨称之为初级的结构。实际上，这是普遍交换的一种双重循环，不是交换妇女，而是交换财富，恰如斯特拉森名正言顺地所称，它造成了“交替的失衡现象”；而且，在另一个领域里，它消弭了往往为妇女的接受者和提供者之间的关系所固有的不平等现象和恒常的不稳定性。

206

正在进行当中的理论争论于是暴露出同一个弱点：它们在裔传的概念上纠缠不休，似乎除了对这个概念提出质疑以外，新几内亚的体系便没有任何意义了，仿佛这是它们唯一的独特之处。可是，这样一来，联姻问题就被置于不顾，而且会继续施奈德（Schneider）和高夫（E. K. Gough）的错误，即利用夫妻之间的联系和兄弟姐妹之间的联系各自具有的相对“力量”去解释父系和母系两个基本体系之间的不同，却没有看到有意义的力量关系并非建立在占据称谓语汇中的某些位置的个人之间，而是建立在一个婚姻交换网络当中的伙伴之间。斯特拉森因此提出，建立新几内亚体系的分类应该依照不同群体之间的交换关系的性质，这是不无道理的。不过，这还远远不够，因为在新几内亚，用传统的办法无法说明血缘关系和联姻关系之间的对立。情况并非像民族学通过对其进行观察而建立起理论的大多数社会那样，必须把血缘关系摆在一边，把联姻关系和交换活动摆在另一边，而是分界线在新几内亚被移动了：它把血缘关系和联姻关系放在了一起，跟几乎形成一个独立范畴的交换活动截然分开。正如已故的米德夫人早在 1943 年强调过的那样——距今差不多已有半个世纪——此类体系的内核在于它们可以让自己自由地通过吸收或者排斥母系亲属，把交叉表兄弟姐妹时而视为嫡亲亲属，时而视为联姻亲属。就在血缘关系和联姻关系的区分被取消的地方，出现了活动余地，而这种区分在其他地方是十分明确的。与此同时，在另一个领域里，两类亲属之间却出现了另一种区分：与之交换的亲属和与之分享的亲属。因此，不是血缘和联姻被用来界定交换的范围，而是用交换能力把亲族区分为血缘和联姻两类亲属。对于这个现象，我们还可以用另一种方式说明；跟单系亲属不一样，新几内亚的体系有明确的平行亲属和交叉亲属之分，而且把这一区分转用于交叉亲属的内部，后者依称谓语的内在规则，时而被视为分享联姻的参与部分——这是血缘亲属的特点，时而被当成仪典性交换活动的伙伴——这是联姻亲属之间的关系的特点。 *207*

最后，在这个看问题的方法与新几内亚人对于两性关系的构想之间还有一种引人注目的对应现象：两性关系被想象成一种无法克服的对抗性的关系，这是所有实地调查者都着重强调过的［瑞德(Read)，伯恩特，萨利斯伯瑞（Salisbury），梅吉特，布朗（Brown），兰涅斯，布麦尔（Bulmer），格拉斯（Glasse），斯特拉森，瓦格纳（Wagner），戈德利埃（Godelier），等等]。新几内亚有一种观念，认为每个人身上都有两种相反而冲突的原始动力：男性和女性，这两者不过都有利于一个人的成长。在谈到达利比人的时候，瓦格纳曾经出色地阐述了这种观念对于亲属关系理论的影响。交叉亲属关系有两个矛盾的侧面；它基于同时承认母系氏族的血缘联系和有关氏族之间的交换关系的法则。于是出现了一个相互发生干扰的地带，从中可以展开政治游戏（例如允许每个人拥有选择自己所属氏族的自由）。在这个方面，令人注意的是瓦格纳如何分析达利比人有关亲属关系的理论，它跟从前米德夫人在说明阿米兰特群岛的体系时所运用的方法十分相似。顺带一提，这也使得范德里登关于出现于几内亚西北海岸的古老的双系体系（并非不分两系）的假设具有一些可信性。

这门课程已经上了三年了，明年仍会继续进行。从这一更广的角度看，上述观察具备两个方面的教学内容。首先，“性别归属”现象所带来的问题最早是由威廉姆斯（F. E. Williams）所提出来的，后来又以不同的形态在其他社会看到了［布里治（Burridge）关于唐古人（Tangu）；豪格宾（Hogbin）关于布撒玛人；伯恩斯关于卡马诺人；瓦格纳关于达利比人（Daribi）；达温波特（Davenport）关于圣塔克鲁斯人（Santa Cruz）］，但它不是母系亲属制的某些形式所具有的一种结构属性。其次，从我们这一年以来检视过的现象可以得知，在一个有机的层面上，有关流行于新几内亚大多数社会的怀孕和联姻的实体主义理论提出了一种跟我们前几年所说的“家宅”对等的东西，我们是根据欧洲中世纪、美洲西北海岸和印度尼西亚的例子而把家宅定义为一种制度化形式的。无论在何处，它确实都是要从两种居先权之间的冲突里超脱出来，把使得两者对

208

立的东西掩盖起来，而且，如果能做到的话，还要将其混同，哪怕这样会在家宅的边缘地带导致家宅成员以往所认同的领域发生分裂。这是一场既无法避免，又是故意制造和令人畏惧的社会危机，新几内亚的独特之处在于为它提供了一个活生生的版本，因为它使一幕不确定地翻新的场景获得了一个具体的形态。

第二十六章　美拉尼西亚（续）和波利尼西亚

（1979—1980 学年）

209　今年的课程有两个部分。为了讨论一些新近发表的论著所引起的诠释问题，我们首先回到去年的整个课程所关注的新几内亚。R. G. 凯利（Kelly）先生的一部新著［《伊托罗人（Etoro）的社会结构》］提出了一个新的论点：社会结构的本质在于组织各种矛盾。不过，作者本人也承认，他的前人都强调过，新几内亚的社会结构基于对立原则之间的一种游戏——有时也叫做辩证法。再者，这种认为社会结构的功能在于调和、克服或者掩盖矛盾的想法并不新鲜。那么，我们岂不是依旧缺少一部有关此类现象的“普遍理论”吗？凯利先生自认为拿出了这样一部理论，其基础就是他所说的“外涉性关系”；也就是说，这是两个项次之间的一种关系，它来自于它们与第三个项次的相同的关系。人们显然不仅能够用这个方式规定嫡亲兄弟姐妹之间的关系，也包括任何一种别的关系，不限于亲属关系的范畴，因为它不过表达了这样一个事实：只要从某种关系出发，任何一个关系网络里的两个项次，两个人或者两个位置便都是相似的。

这样一个如此宽泛和屈伸自如的概念是不能用来为一部理论奠定基础的。按照 E. L. 齐福林（Schieffelin）先生撰写的另一部著作（《孤独者的悲伤与焚烧舞蹈者》，芝加哥，1976）的说法，伊托罗人的邻居卡吕利人（Kaluli）同样也把同胞兄弟姐妹关系（siblingship）与裔传关系对立起来；在他们那里，"涉外关系"是用来建立各种关系的一种手段（仪式友谊、同体性、同名异义等等关系）。因此，如果假设这种关系用来规定社会结构是切合的，那么我们就得找出理由，说明它在单独看待嫡亲亲属时具有解释价值，而且必须达到这个形式化表达方式所涵盖的具体现实。 *210*

然而，正如齐福林所看到的，在世界的这个地区，亲属关系称谓语里的所谓"奥马哈"特征显示出，表房兄弟姐妹的地位正好将堂房兄弟姐妹的地位颠倒了过来。所以，一种情况有对称性，另一种情况有不对称性。按照卡吕利人的说法，母方表兄弟姐妹通过他们的父亲从己身的母亲的氏族中"走了下来"，而且被第三个氏族（即他们自己的母亲所在的氏族）"下放了"。至于父方堂兄弟姐妹则被己身的氏族的一位妇女下放了，而且是从第三个氏族走下来的。然而，跟父方堂兄弟姐妹相比，人们跟自己的母方表兄弟姐妹却更亲近，因为在表兄弟姐妹看来，舅舅的女儿结婚生子以后就成为一位"母亲"，她的孩子也就成为一些"兄弟"和"姐妹"。这样形成的局面跟人们描写过的伊托罗人十分相像。那里的舅舅的女儿起初被归入母亲一方，她们的孩子却被归入嫡亲兄弟姐妹。卡吕利人宣称有关这一现象的理论适用于两种情形：其一，他们认为自己是被同一母方氏族所“下放”者的嫡亲兄弟姐妹；其二，鉴于子女被与己身的母亲相同的氏族中的一个女子所“下放”而成为己身的嫡亲兄弟姐妹，母方表姐妹因而就是或者变成了一位“母亲”。土著人的这种“实体主义”——上一年我们已经指出过，它在新几内亚是基于性别区分和一套关于受孕过程和联姻的理论的——不仅可以解释裔传制度和嫡亲关系，也可以解释常见于新几内亚的那些仅部分地或在极低程度上属于奥马哈型的体系的功能。此类体系既允许与母方家族联姻加以更新，又对之加以区分。既然舅舅的女儿被当成一位母亲，其子女被当成嫡亲兄弟姐妹，他们的子女继而被当成是后者的子女，那么就只有等到曾孙辈才可能同母方氏族再次通婚了，也就是说比父方家族要晚两辈人。所以，此类体系的“非涉外”方面要比他们的“涉外”方面（在凯利所说的意义上）具有大得多的解释力。不过，这种情形只有在不忘记一条规则的条件下才会出现：在人类学意义上，结构的定义是一种集合，它由一个系统的诸成分之间的关系及其*转换*构成。凯利通过从带来同类问题的邻居中分离出一个民族的办法，提出了不含转换的结构的概念。可是，转换却是结构所固有的特征。与之相反，假如我们把新几内亚的亲属称谓语处理为同一集合体内部的转换，我们也许就能克服体系内部看起来杂糅不匀的状况，即这个地区同时存在一些体系，有的接近奥马哈型，有的接近易洛魁型。我们尝试着这样做了，办法是将伊托罗人的体系和卡吕利人的体系加以比较，并且借助于瓦格纳的工作，对达利比人的体系和弗拉巴人（Foraba）的体系也做出了比较。

翟勒（A. Gell）的著作《卡索瓦立人（Cassowaries）变形录》有些很有意思的方面，包括描写了一个初级的奥马哈体系，然而十分有趣地伴有一套按辈分层次排列的称谓语。这个体系之所以是初级的，是因为同类型的婚姻只需要隔两代人就又变得可能；至于辈分的层次则可以通过这样的事实来解释：乌梅达人（Umeda）的社会依据小村落而不是世系来制定它的外婚规则，所以世系在这里并不相干。

关于广义上的克劳-奥马哈体系，这位作者特别指责我们两点。在他看来，我们不无道理地把这种体系放在初级体系和复杂体系之间的结合部；可是，他声称，我们随后却为了迁就初级体系和克劳-奥马哈体系之间的彻底对立，又放弃了这个观点。此外他还认为，我们没有能够再把后一种制度所颁行的负面规则转译成正面规则。 212

就最后这一点而言，我们只想请读者参阅一下 F. 厄黎梯埃(Héritier) 太太的著作。借必要的计算机之助，她成功地完成了我们仅仅宣布了的程序。另一项抱怨是我们混淆了两组对立，然而我们必须予以澄清。这就是初级和复杂的对立，普遍交换和克劳-奥马哈体系的对立——前者应按照初级体系的最高限度去理解，后者应按照复杂体系的最低限度去理解。任何初级体系都把亲属变成联姻，任何复杂体系——包括我们所在的体系——都把联姻变成亲属(在婚姻制造不便的意义上而言)。克劳-奥马哈体系位于一个交接点，在这里发生了从此一形式到彼一形式的摇摆。

在课程的第二部分里，我们从美拉尼西亚转入一个与之接壤的地区：波利尼西亚西部，以便考察斐济、东加和萨摩亚的亲属关系体系和社会组织。

在很长一段时期内，斐济的社会组织曾被归结于父系裔传和交叉堂表兄弟姐妹通婚。实际上，正如霍卡特（Hocart）的工作已经指出的，那里的局面实际上要复杂得多。

在拉乌群岛的瓦努阿莱武岛，甚至在维提岛，母系特征和无分父母世系的特征跟父系特征共存（后者在瓦努阿莱武岛占据主导地位）；交叉堂表兄弟姐妹之间往往禁止通婚，只在他们的孩子之间和远亲之间才被允许通婚。然而，纳亚卡卡鲁（Nayacakalou）和格罗夫斯的著述却表明，那里的亲属关系的体系属于达罗比荼型；换言之，这个体系区分母系亲属和近亲的方式似乎是群体的所有成员都属于不断交换姐妹和女儿的父亲世系。为了支持这种虚构，婚姻一旦完成，配偶通常立即变成交叉堂表兄弟姐妹，一套适当的词汇亦运用于其中一方的近亲和另一方的近亲。

213 因此，与本课程第一部分所说的把一个表姐妹变为“母亲”的卡吕利人相反，斐济人是把一个外来者（或者一个亲属小女孩）变成“表姐妹”。在第一种情形下，目的是跟退返行为拉开距离，第二种情形是要显得退返行为似乎没有被疏远。斐济人把配偶转变成交叉堂表兄弟姐妹的过程还受到通过母系亲属的承嗣关系的左右，尽管有一些父系方面在莫阿拉岛占主导地位［据萨林斯（Sahlins）］。在瓦努阿莱武岛，称呼词汇中出现了克劳-奥马哈类型的斜叉式特征［据霍卡特和奎因（Quain）］。

除了上述复杂因素以外，另外还有一些因素，它们来源于僵化的社会阶层分类法，以及凭借理论而不是依据实际情况把社会区分为功能性群体的方法：例如分为头领、下级修士、执行人员、传令官、教士、武士、奴隶、牧师、木匠。最后，村庄的全体成员几乎也按照工作的不同分成了小群体，以便保证仪式和节日场合下的经济协作。可是，无论我们试图在哪个层次上为此类团体下定义，它们似乎都来源于一种政治性的安排，其根源可以追溯到一个共同的远祖、母系亲属的承嗣关系和一种同住一个居所的欲望；也就是说，起初不同的动机随着大家随后接受的同样的功能结构而变得合法化了。

从我们四年来所采用的视角来看，霍卡特和奎因分别屡次使用“家宅”一词来说明某个层次的群体的特点，这并非无关紧要。由威廉姆斯和卡威特（Calvert）以及后来的霍卡特指出的斐济王子之间的非外涉的等级关系，令人想到曾经存在于菲利普·奥古斯特（Philippe Auguste）以前的古代法国的同类关系。为了证明这种类比的合理性，我们试着把中世纪的采邑和终身官职之分运用到斐济的现象上，而且遵从霍卡特为英国研究开辟的道路，把斐济的“执行机构”与法国封建时代的王室终身官职和国王宅邸内的官职进行了比较。

214

不考察“瓦苏”（*vasu*）制度，就无法结束对斐济的考察。包括近来的所有分析者都把它跟父系裔传联系起来。这就忽略了瓦努阿莱武岛的母系斐济人拥有的一种被奎因描写过的制度，同样被他们叫做瓦苏。因此，重要的是弄清楚后者的全部语义外延。瓦苏制度仅限于贵胄或王室的世系，它试图在这两种情形下克服社会结构的内在困难。

瓦努阿莱武岛西部的血缘贵族是通过母系世代承袭的，己身以姐妹之子的名义与母方亲属认同；虽然他变得并不一定比后者低微，但是作为接受者的男系亲属的儿子，地位却发生了变化。反过来，在实行父系继嗣的人们那里，社会结构完全建立在两种范式（paradigm）的基础之上：神圣的征服者与本地的“土地之女”之间的一桩奠基婚姻，以及兄弟可以享受的公认的优越地位。这样一来，作为姐妹之子而地位低于母方亲属的己身，便由于身为贵族男性亲属，并且出身神圣，同时也高于母方亲属了。

不过，奎因指出，在瓦努阿莱武岛上，对母亲之母而非舅父行使的权利才称得上真正的瓦苏的权利。另外，瓦苏的权利依母系制度和父系制度的不同而具有不同的特点。在母系制度下，这些权利涉及一块领地；在父系制度下则涉及消费产品和可移动财产。最后，瓦努阿莱武岛上的母系群体没有那些在别的地方严格施行的兄弟和姐妹之间的禁忌，半族的区分才是那里的主要形式。瓦苏的权利能够让个人在母系制度中避免因为其父系先辈之故而逐渐远离其母系祖先的领地。在父系制度中，个人能够借助这种权利克服的似乎是一种矛盾：一边是母方世系内部的妇女承嗣关系的卑微地位，另一边是移民妇女的接受者相对于向他们出让妇女的本地人所具有的优越地位。这就是说，一种情况属于数量上的差异，另一种情况是质量上的差异。

215

所以，正如沃尔特（Walter）最近所做的那样，正确的做法是把瓦苏制度解释为男系亲属的世系和母系世系之间的一种不稳定的平衡。但是，这一不稳定性属于结构范畴；不能把瓦苏的权利归结为从母系亲属中取得的一种简单的补偿，用来抵偿有时强加在姐妹之子身上的返归母亲的世系的义务，因为有的时候后者会因为缺少男性继承人而面临绝后的危机。这一过于狭隘的解释跟古迪作出的关于非洲同类习俗的过于宽泛的诠释正好形成一对。原因在于，作者使用的“淹没的世系”的概念是一个无用的抽象概念，带有近乎形而上的性质。无论对于男系亲属还是母系亲属来说，另一个亲系并没有被淹没，它明显地、真实地存在着。

因此，我们对斐济制度的思考使我们能够在一场非洲文化学者之间的争论中表明立场。阿德勒（Adler）和卡特里（M. Cartry）在解释一些与瓦苏类似的现象时，曾经着重强调了不同性别的嫡亲之间的关系，这完全没有错。这种关系来源于 S. F. 莫尔（Moore）早已强调过的一个“矛盾”：母系联姻要把不同群体联系起来的条件，是出让给另一个群体的女子依然以姐妹的身份对另一个群体保持忠心。在日本的家宅（*ie*）里，夫妻两口子的地位要比兄弟加姐妹更高。外来的女婿一旦被接受就由于能传宗接代而比行将嫁人的姐妹更重要，也比即将离家另组一个分家（*bunke*）的兄弟重要，除非后者断守在作为本家（*honke*）继承人的长兄身边，但此时他便落入一种听命服从的地位。正如仲原（Nakane）引用过的一句民谚所说："外人是从同胞（兄弟或姐妹）开始的"[①]。

不过，同样正确的是，此类制度位于亲属关系结构与复杂结构的交界处［据鄂施（Heusch）］。这并不是说它们是时而与之相伴的交叉婚姻的结果，因为后者出现于例如图皮人和米沃克人（Miwok）的那种初级结构，而被用来支持这个论点的婚姻具有一项优先的、绝非出于偶然的特点，因而无法归入复杂结构。不过很清楚，斐济的一切情况似乎都表明，这个其亲属关系体系属达罗比荼型（我们已经看到它并不符合实际情况）的社会依然眷恋着初级结构。 *216*

萨林斯指出，斐济社会的基础是一些"奠基的关系"，表现在有着臣仆和外来联姻者的酋长辖区内存在双重联姻方式：一种是超婚姻，另一种是亚婚姻。实际上，这两种联姻方式构成了我们同意称之为"家宅"的制度形式——我们曾经在前几年的课程里为此举出美洲和印度尼西亚的例子。但是，斐济的特别之处在于它能够提供一个家宅式社会的机械模型。至少在理论上，这是个固执地重复初始模型的社会，而不是从中汲取灵感，开拓前进，从而建立起独特的联姻关系。从观念的而不是事实的角度上看，斐济社会与平安时代的日本正好相反，那个时代的文学对表亲通婚大加挞伐，以迎合其他更为大胆的婚姻形式，而斐济在想象中却依然忠实于一个与实践不符的原始模型。[②]

---

① 友人诸井美砂向译者指出，日语为"兄弟は他人の始まり"。——译者注

② 参见《遥远的目光》，第五章，巴黎，Plon，1983。

斐济的另一种现象也符合这个思路：寡妇们的家宅并不为她们筹划再婚。她们的兄弟用她们献祭，把她们埋葬在丈夫的尸体下边。因此，妇女一生只被利用一次，不过这种牺牲却要求让出一块土地作为交换；这就是说，有两次不可逆转的、依次进行的转让，它们同时也是一种短命而缺少灵活性的社会发明的明证。

汤加群岛、萨摩亚群岛、乌韦阿岛和富图纳岛都有形式各异的与瓦苏制度类似的制度，但它们跟我们在斐济所看到的不同，汤加同时存在被称为“法布”（*fabu*）的权利和姐妹相对于兄弟的某种优势。这些权利因而属于马布奇（Mabuchi）所说的以“姐妹们的精神主导”为特点的一整套权利，而且可见于琉球群岛、台湾地区和印度尼西亚的一些地区。

217

早在殖民时期以前，汤加就形成了一个名副其实的帝国，它接受周围岛屿的进贡，其影响一直扩大到斐济东部。在几个世纪当中形成的王子氏族往往争斗不休，它们或者起源于一位接受封邑的小王子，或者起源于一个篡位的皇宫督察官。这些现象很有趣，因为它们跟莫洛温王朝和日本的一些平行的现象十分相似，或许能够解释萨摩亚群岛的所谓传令官（talking chiefs，“发话的首领”）是一个什么样的特殊阶层。这些人的地位低于王室，可是在财富和权力上逐渐超过了后者，因为他们是妇女的接受者，能够用会坏损掉的财物（*oloa*）跟提供者交换珍贵和耐用的财物。社会地位是依照母方世系传承的，但也可能像美洲西北海岸地区那样，妇女只把从自己的父亲承袭下来的权利传给孩子。中世纪所说的“搭桥铺路”的工作于是就这样完成了。

社会结构的调节依照以下两条原则：姐妹优于兄弟，年长优于年幼。对于大部分人来说，这样做能够防止他们永远地隶属于某个社会阶层。在一个贵族数目有限的等级体系里，当一个人的地位获得迁升的时候，另一些人的地位就会下降。因此，我们对于观察家们的笔下出现了“王子家宅”一语就不会感到惊奇；他们还说，每个这样的家宅都集合了贵族、低等贵族，乃至平民；他们虽然都是亲戚，但地位不平等，尤其是当他们被谱系中越来越疏远的关系隔开时更是如此。

这些家宅围绕着一个父系核心形成，也通过收养（常常发生在后继乏人时）和吸收母方世系的一些甚至不沾亲的世系来传宗接代。内婚制是允许的，除非关系过于亲近。在萨摩亚群岛，兄弟和姐妹之间的禁忌排除了双方子女通婚的可能性，并且延续到所有后裔，直到共同的根源被遗忘为止。我们在那里看到了为数可观的随母居住的家宅，例如围绕着地位很高的家庭；另一方面，一个嫁入高门的女子会努力使娘家成员归附丈夫的家宅。每一个家宅除了夫妻各自的亲属以外，还包括一些被收养的孩子，以及更普遍地讲是一些能够自称有亲属关系并且在一些分散的群体中拥有继承权的人（据米德）。无论汤加还是萨摩亚，家宅都冠以“种族的姓名”和“领地的姓名”，后者还有超越前者的倾向。 *218*

从库克算起，早期旅行家们已经注意到汤加国王的被称为塔玛哈（*tamaha*）的姐姐，她在整个帝国享有至高无上的地位；连弟弟也得敬她三分。因此，塔玛哈的地位类似于萨摩亚的桃普（*taupou*）：理论上此人应当是姐妹的女儿或者姑母的女儿，可是，实际上有时就是首领从家宅内亲自挑选的自己的女儿。

即使在占据统治地位的家庭里，兄弟对于姐妹的附庸关系在汤加也更复杂一些，因为又加上了一种母系对于父系的附庸关系，这似乎违反了在母系当中实行的贵族继承的原则。为了解决这个难题，我们在讨论罗杰斯（Garth Rogers）的一篇新近的论文时提议求助于三个参数：一是从母系继承下来的社会阶层，二是父亲在自己的阶层内所持有的特殊名分，三是己身在裔传群体内所属的年龄组。

汤加和萨摩亚都非常严格地施行一种兄弟与姐妹之间的禁忌，双方从童年起就被分开。米德曾经指出，在萨摩亚群岛，不同性别的年轻人之间“丧失了一种亲密的关系”。最后，在这两个群岛上，父亲的姐姐对甥侄辈行使着至高无上的权威。她甚至可以诅咒他们，让他们无法生育，断子绝孙。基于跟斐济的瓦苏制度的类比，我们倾向于认为这是一种补偿现象，因为她不可以再在弟弟的男系亲属群体内继承其名号，而且一旦结婚与丈夫同住便无从问津娘家事务。实际上，在萨摩亚群岛，所谓的 *tamafafine*（“女性世系的后裔”）是没有土地权的；跟汤加一样，土地权由男性世系继承。

219

让我们在结束本文之前略作归纳。我们提出的问题是，跟在新几内亚一样，那些围绕着同一主题的制度方面的变化是否跟在观念上分派给两性的不同角色有关。就这一点而言，罗杰斯在汤加搜集到两种不同的理论。按照一些报告人的说法，血液来自母亲，骨头来自父亲；另一些人则认为一切都来自母亲，没有任何东西来自父亲，所以“血缘世系”结束于儿子，只有女儿才能继续下去。很清楚，在这种情况下，每个人的体质只是从母亲的世系那里接受下来的；然而，我们从土著人那里也得知，作为补偿，父方亲属掌握着家庭权威、政治权力和对社会的控制。因此，自然的东西完全来自一方，文化的东西则完全来自另外一方。

然而，令人注意的是，汤加却没有斐济关于神圣的征服者与本地女子婚配的那种作为社会结构的生成机制的范式。汤加人对于全体人民同出一个根源都没有异议。一组外在的对立（作为移民而来的贵族与平民之间）让位给了一组内在的对立（文化表征与自然表征之间）；不过在两种情况下，两个性别所特有的词项之间的区别永远明晰地存在。

因此，从斐济到汤加，我们都看到一种从外到内的转化。看来有必要将其与颠倒的兄弟与姐妹的身份联系起来看待，同时并不改变禁忌，因为后者无论在彼处还是此处都照样禁止或限制了双方的自由。

但是，如果说从新几内亚到西波利尼西亚，不管其形式如何多变，总可以一成不变地看到把分派给两性的功能和角色一分为二的主导原则的话，那么我们可以隐约地看出一种将起初杂糅不匀的习俗加以整合的可能性。在新几内亚的好几个部落里，父方亲属自愿 220 地偿付母方亲属以便给他们的儿子洗澡，祛除母亲带给他的不洁，从而保证孩子只属于父亲氏族一方。这种制度化的实践大概可以看成是西波利尼西亚名为瓦苏或法布的一个换位命题。因为，如果我们作出的诠释不谬，现在的问题是强迫母方亲属非自愿地偿付，以证明姐妹的儿子虽然因出生权而归属父方氏族，但仍然与母亲所出的氏族保持着有机的联系。这种自孕育期就获得的母方成分，把可以用来炫耀的特权赋予波利尼西亚贵族，但是在美拉尼西亚，它却代表一个必须马上清除的污点。

第二十七章　新西兰，马达加斯加和密克罗尼西亚的比较

(1980—1981 学年)

221　上一年，我们回顾了以斐济、汤加和萨摩亚为主的西波利尼西亚的亲属关系体系和社会组织的形式。今年，同样的研究已经深入到马来-波利尼西亚语言区的边缘部分，即新西兰、马达加斯加和密克罗尼西亚。地球上这三个地区提供了母系亲属裔传的典型例子。此外，正是由于毛利人（Maori）的"哈埠"（*hapû*）制度，以往 50 年里关于这种裔传体系的大部分讨论才得以出现并发展开来。

通过弗思、麦特哲（Metge）、比格斯（Biggs）、谢夫勒、韦伯斯特（Webster）等人的工作，哈埠的性质逐渐变得清晰起来了。我们之所以能够做到这一点，倒并非像一些作者所做的那样，通过增加观念工具词去把握一个描写得不好或者不完全的对象，

而是由于仔细地审查了个别案例，而且利用了最新的观察结果。我们因而确信，严格说来，哈埠既不能按照地方群体，也不能按照裔传群体加以定义；而且，母方联系所起的作用尤其从政治方面能够获得解释。哈埠往往集合了一大堆杂糅的成分，在迁徙和战乱当中不断分分合合；它为自己制造出一份谱系，与其说它是从中衍生出来的，不如说是机会造就了它。这是一种动态的构造，根据它本身是无法给它下定义的，我们只能根据它与同类物的关系并且把它们放入历史环境里才能做到。

222 弗思不无道理地认为，机械行为不是裔传的一个必然的特点，因为裔传完全可以具有一种主动选择的性质，同时并不混淆或者抹杀群体之间的界限。要确定群体的外缘界线，只需求助于另外一些标准就足够了，例如共同居所，或者得到认可的集体的土地的开发权。可是我们要指出，这些标准并不像是遵从规则的裔传关系那样的一种事实状态；它们表达或者反映了时段当中的个人与群体之间的不稳定的关系，因而暴露出母系亲属社会研究所固有的一种困难。这些社会完成了一次历史的跳跃，可是这部历史却由于缺乏文字资料而基本上不为我们所了解。

不消说，单系社会也有历史。可是，在这样的社会里，裔传，也就是谱系联系，不是用于创造历史的手段。历史与其说产生于内部，不如说产生于外部——通过战争、迁徙、瘟疫、缺粮，等等。在这个意义上，母系亲属制从一开始就为社会提供了将历史内化的手段；它使社会可以给文化提供一个自然的基础。人们迄今为止主要讨论的，是如何了解被奇怪地称为“非单系”的体系与那些在整个社会内部依然清晰有别的群体是否相容。这些群体在任何情况下都会存在，裔传的概念却因类型的不同而迥异：裔传为单系社会提供了繁衍的途径，但却使母系亲属社会能够发生转变。

不错，尤其是在英国，当代人类学认为不论裔传的规则如何，任何一个社会都有一个相对的不那么确定的地带或领域，个人从而可以做出选择，而且可以折中变通，让规则对自己有利。就这一点而言，利奇所鼓吹的真实行为、统计标准和理想的规则之间的区分，正好呼应了弗思所说的稍难直译的区分：即“行为的结构”223（structure of action）、“期待的结构”（structure of expectations）和“理想的结构”（structure of ideals）。所以，英国的理论家在一种传统观念与他们自己对社会性（与文化对立的概念）的看法之间作出了妥协：传统观念认为文化是关于人与人之间关系的一套硬性规则，是从外部强加给个人的；后者却把社会理解为人与人之间关系的一个比较灵活的体系。在剑桥大学的术语里，“裔传”是一回事，“继嗣”（因其可以选择）又是一回事。

不过，“统计平均值”（利奇语）或者“高概率的行为类型”（弗思语）的存在本身已经暗示，个人举动的纷扰——请原谅我们使用这个词——并不是随便做出的，它同样服从一些限制，并且使用一些不属于“规则”或“理想的结构”的渠道，因为后者是其效果的承受者。至于统计平均值则只不过把跟三个层次均不相干的深层结构的行动反映在表层上。这些层次仅仅是深层结构的揭示者和一些指标，除非它们改变或者提供了后者的一些扭曲的形象。

我们也不能把历史变迁仅仅设想成经验性后果，即重叠的心理动机所最终达到的东西。那样做等于忽视了母系亲属社会为自己提供了造成变迁的机制，以及这些机制并不由理想的规则构成，也不采用静止不变的定义的方式。它们实际上是一些筹划好的策略，实施它们的不是个人，而是一些法人，其寿命比构成法人的个人更长久。在此类情形下（正如在其他一些情形下一样），并非一边是社会，另一边是个人。具有后效的力量只属于群体；这些群体在追求他们的自身目标时，并不遵循普遍意义上的社会的标准，而是遵循社会中一些相互对立、彼此竞争的过渡性机体的标准。

因此，如果说弗思把哈埠定义为一个“有选择”的裔传群体是正确的，那么我们理解，一些几乎是哲学上的深刻理由使得他把这个词只保留给个人选择所属群体，同时排除了相反情形，即群体选择其成员。然而，甚至在像新西兰这样的地方（以及许多其他地方），多种不同现象却表明是群体选择成员，而不是相反。此类情形包括婚姻程序和收养程序，以及表现更突出的一些丧葬仪式，其间几个哈埠的首领面对尸体发出一些相互矛盾的赞词。因此，死亡和丧葬提供了一个机会，可以让我们把哈埠反溯地定义为一种既包括活着的人，也包括死去的祖先的“家宅”；既有男系亲属，也有母系亲属，甚至可能包括非亲属。

224

尽管地理距离遥远，居民的来源也各不相同，可是这种分派给家庭坟墓的战略角色使毛利人的制度明显地接近马达加斯加的制度，具体地说，哈埠与这里叫做“弗考”（*foko*）或“哈扎”（*raza*）的群体相似。

卡莱神父在马达加斯加搜集并发表在他的《国王史》一书中的传说，还有葛朗迪迪埃（Grandidier）、马勒扎克神父（P. de Malzac）和儒连（Julien）等人所利用的、时而不同的传说，澄清了一种谱系模式，虽然对其真实性不可期待过高，但它至少显示了在梅利纳王朝的最后阶段，回忆录作家们如何为了与现代历史协调而重建古代历史的。然而，对于民族学家来说，这里面显现出一个为民族学家所熟悉的观念程式：最初有过外族征服者与原住民之间的结合，后者的土地权虽然逐渐被剥夺，却得到宗教和精神上的特殊待遇；较为新近的一段历史（18 世纪和 19 世纪之交）的意义在于能够说明整个伊梅利纳地区如何在某种意义上凭借古代联姻的复出才取得了统一，从而导致了整个体系在19世纪后半叶完全恢复；例如，王位继承在母系当中进行，从女人传给女人。这正像日本平安时代那样，但方式有别：母系关系重于父系关系，以至于从前的土225 地主人舅父的后裔（或者自称其后裔的人）掌握着实权。与这种变化平行的是最初基于谱系优越性的等级制度让位于另一种地位全靠土地的分配来决定的体系。

我们于是又一次看到了这种“种族”与“土地”的二元制度，它在早先若干年中曾经是“家宅”式社会的典型特征；印度尼西亚（巴厘岛）和非洲（喀麦隆）的王室制度也提供了一些这方面的例子。为了克服这种制度所带来的困难，马尔加什文化把共同居所与亲属关系等同起来，通过鼓励表兄弟姐妹之间通婚，使这种婚姻成为真正的亲属关系的建造者。法国和北美的研究人员最近的调查工作［一方有福布雷（Faublée）、莫莱（Molet）、奥提诺（Ottino）、拉翁代斯（Lavondès）、维亚奈斯（Vianès）、考彻兰（Kœchlin）等人；另一方有肯特（Kent）、考达克（Kottak）、威尔逊（Wilson）、索撒尔（Southall）、亨廷顿（Huntington）等人］证实了这种做法的普遍性：它同样存在于例如巴拉人（Bara）、拜奇雷奥人（Betsileo）、奇米赫梯人（Tsimihety）、马斯考罗人（Masikoro）、维佐人（Vezo）等等其他一些马达加斯加的社会。与此同时，我们也不无惊讶地看到，对于同一地点的调查，受过相似训练的研究人员在描写相同的社会结构的组成部分时竟然常常采用截然相反的观点，例如，针对叫做弗考和塔利基（*tariki*）的两种群落时便是如此。有些法国研究人员将弗考归入“土地”，把塔利基归入“种族”；另一些人则倒过来排列。类似的摇摆现象在美国研究人员当中也可以见到，尽管表现的领域不一样：他们在裔传和继嗣方面有不同意见，一部分人认为前者为父系，后者为母系；另一部分人认为前者不分两系，后者属于父系。

总之，出现在一流的观察家中间的这种互为对应的分歧使人相信，无论是马达加斯加还是其他母系亲属社会，裔传和继嗣的对立、裔传群体与本地群体的对立都不是真正恰当的区分。我们在此类社会中将力争不把裔传的规则与在一个交换结构中如此规定的裔传群体的地位混为一谈——前者依不同情况既可以是父系，也可以是母系或两系不分；后者则是父方亲属或母方亲属，或者更恰当地说是妇女的接受者或提供者。一个作为接受者的群体利用自己的男子来加强地位；作为提供者的群体则利用自己的妇女，不管裔传和继嗣采取怎样的方式。正如我们在美拉尼西亚和马达加斯加的马西考罗人（Masikoro）和维佐人中所见，父方亲属对孩子的赎买行为跟父系裔传没有任何关系，这种赎买的做法应该说来自于接受者对提供者提出的要求，以及前者相对于后者所处的强有力的地位。孩子归属与母亲的裔传群体则反映了与之相反的情况。 *226*

经过从马尔加什的其他社会绕过这样一圈之后，我们又回到了伊梅利亚中部高原，可是这一次我们不再从王室的角度观察，而是要关注乡村社团，即按照它们在龚道米纳斯（G. Condominas）和布洛克（M. Bloch）笔下展现的那样。这些见证有时候并不一致，但全都能够证实已经揭示出来的、存在于毛利人的哈埠和马尔加什的弗考与哈扎之间的相似性。这两种情形说的都是一个非外婚制的，甚至偏重内婚制的群体，其基础是母系亲属裔传，即一块祖地的古代或目前的主人；同样地，在这两种情形下，获准或被拒绝葬入集体坟地能够让群体永远地确定或重新确定身份，无论是把自己扩大还是缩小。在新西兰和马达加斯加，一个我们所说的“家宅”既是通过通婚而展望性地建立起来的——因为婚姻提供了在“种族”（在亲属当中通婚）和“土地”（与邻居通婚）之间作出选择的机会，也是通过丧葬活动回顾性地建立起来的，即借助进入坟墓的权利，因为坟墓既是祖先的土地，也是谱系的链条。在这里，人们当作亲人的死者一旦来到坟墓便失去了各自作为父系亲属、母系亲属或亲戚的个性，从而得以团圆。

227 我们对于毛利人的发源地波利尼西亚东部的马基斯群岛、社会群岛、土阿莫土群岛的情形简单浏览了一番，这使我们看出了一个相同的社会结构的模式；如同在新西兰和马达加斯加一样，它的特点也可以从历史推测得到解释。时而征服者把意志强加给当地民族，时而由于土地狭窄和人口的压力，同一民族内部开启战端。两种情况均与失去外部或内部平衡的社会有关，平安无事简直就是这些社会不能或者不再能得到的一种奢侈。

本课程的最后一部分密克罗尼西亚进一步加强了我们从这里得出的临时的结论。在世界这一地区，对于经过强化的——或像动物学家所说，发育过度的——制度来说，一些往往人口稠密、占地狭小的社会构成了不少例证，无论是在贵族等级制度方面，还是在父系联系与母系联系之间、继嗣和裔传因素之间的极其复杂的辩证关系方面都是如此。从一个岛到另一个岛，人们得到的印象是一些相同的原则似乎在起作用，但是每一条原则都形成一种当地社会的形式，它把所有原则中出现的成分用各自的方式组合起来。德国人所做的调查有些已有一个多世纪的历史了，大部分收入《远征南洋》的刊物里，它们让我们看到了这些社会在两次世界大战所带来的巨大变化发生之前的面貌。

一些北美的著作者［梅森（D. I. Mason）、阿凯尔（Alkire）、赖比（Labby）等人］曾经试图在这些制度化形式与当地的自然条件之间建立关联。最明显的关联性出现在社会组织与开发土壤的方式之间。因此出现了这样的论点：在社会结构的形成过程中，性别之间的劳动分工曾经是决定的因素。在农业劳动中，分配给女性的角色的重要性能够解释为什么母方氏族是作为密克罗尼西亚制度的基础出现的。

228

然而，看来这种角色并不是到处都一模一样，男女之间的分工在各个岛屿之间也不同；在这种情况下，仅从经济角度作出解释就不够了。有必要引入社会学方面的其他因素［托马斯（J. B. Thomas）、马克·马歇尔（Mac Marshall）］，特别是历史方面的因素［达马斯（Damas）］。有些密克罗尼西亚社会存在于一种相对的孤立状态当中，别的民族则受到迁徙、战争和通婚的干扰。然而，我们在前一类社会里看到了母系制度的某种倒退：由于人所共知的不稳定性，这些制度一旦顺其自然，就会倾向于自发地演变成其他形式。相反，由于男子比女子的流动性更大，这些制度为第二类社会提供了某种意义上的一个公约数和一个将移民加以归化的方便手段。

巴劳人（Palau）的例子也是这个道理。正像巴尔耐特（Barnett）和古迪纳夫指出的那样，这个社会的成员完全陷入严酷的经济和政治争斗当中，他们拥有一些既无法称作父系，也不能称作母系的制度：这些制度依据相互竞争的家宅之间建立的力量关系，而显示出前者或后者的特征。这些冲突的气氛令人好奇地想起中世纪末期或文艺复兴初期的意大利。这种类似使我们对下面这样的说法要加以小心：有人居住的历史可以追溯到史前数千年以前的密克罗尼西亚，那里有过一部丰富和复杂的历史；例如，雅浦群岛这样的一些岛屿曾经对邻近岛屿产生过某种政治和文化的影响。实际上，整个密克罗尼西亚群岛都处于一种家庭气氛当中，因为以不同方式彼此调换的成分都来自一个共同的背景。如果认为这个厚重的时间因素无关紧要或不说明问题，而且不采取必不可少的退一步观察，并把社会结构的所有这些复杂的情形都归结于原始的、巡耕的和纷杂的农业被山药和其他薯蓣类的半永久性的种植所取代，那是一种过于简单化的想法。

就“原始”一词的全部含义而言，民族学家有充分理由怀疑他们是否遇到过可以叫做“原始”的人民。用这个字眼描写密克罗尼西亚人（Micronésiens）、马尔加什人（Malgaches）和毛利人就更不合适了。假如从一些既原始又现代——有人声称直到当今还总是可以观察到——的条件中直接推演出他们的社会组织，那意味着不承认这样的事实：在家宅式社会所带来的问题当中，历史维度构成了一个无法回避的已知条件。

229

第二十八章　关于非洲的论述

（1981—1982 学年）

在一门为时六年的探讨母系亲属社会的系列课程当中（1976—1982），今年的课程是最后一次[①]。由于民族学家通常把非洲视为单系制度存在的天然土壤，本课程更不能避开非洲。这个地区幅员辽阔，无法作出全部彻底的考察。因此，我们将局限于以下三项调查：几内亚湾沿岸的国家，中部邦图人和尼洛提克民族。 230

在我们的眼里，位于克罗斯河和尼日尔三角洲之间的尼日利亚南部具有特殊的意义，因为它所在的大陆被认为比其余任何一个大陆都能够更好地说明世系的现状。这个地区包括一些以“家宅”为基

① 也是本人所教授的最后一门课程。

本单位的社会，那里的家宅有两种存在形式：一种被当地语言称做普通家宅；另一种是“船上家宅”，即英国民族学家所说的 canoe house［据福尔德（D. Forde）和琼斯（G. I. Jones)］。

不过，这两种情形在理论上都是围绕着父方谱系的群体，但包括非男系亲属，有时后者还占大多数。同样，尝试用切分模式分析这些社会很快就归于失败。由于人们无法把按照谱系规定的家宅（maison）的概念与城镇或村庄里的“街坊”（quartier）区分开来，它们究竟属于什么性质的问题就更加复杂了。这种居住单位本身往往混同于城镇（cité）——按照良好的词典所说的“形成独立群体的居所的集合”的意义。我们觉得这个概念要比“租界”（concession）好得多，后者虽然在使用，但是说明不了任何东西；这个概念也比英语“大院”（compound）一词要好，因为后者在翻译时不可避免地会遇到麻烦。街坊和城镇都是就一些群体的领地而言的；从亲属关系的角度来看，这些群体其实是由母系亲属或非亲属环绕着的核心世系。我们认为这种模糊性是非洲社会的一个特征，它使得我们没有必要再提出区别切分层次。因为，面对具体的情形，我们常常注意到，“家宅”、“城镇”、“街坊”和“村庄”这些字眼是可以互换的。几年前，波利尼西亚的一些现象也曾使我们得出了类似的观点。

231

始于 18 世纪的黑奴贩卖和棕榈油贸易提供了机会，使从前的酋长升格为“国王”，并不再把裔传关系而是把军事和经济的功业作为权力的基础，这是不是标志着单亲世系开始向“家宅”形式演变呢？研究这些社会的专家们产生了犹豫：他们有时把家宅视为一种脱离常轨的社会形式，产生于历史的和当地的特殊条件；有时候，他们又认为家宅是古代制度的一种自然而然的发展结果，牢牢地扎根于非洲的传统当中。这些传统包括分别侧重夫家和妻家的两种婚姻类型；儿子对某些财产拥有继承权，女儿对于另外一些财产有继承权；在王室世系内部，女儿的儿子往往被承认拥有王位继承权。所有这些特征都意味着某种潜在的，有时甚至是明确的不分性别的继嗣规则在起作用。

大家知道，父系制度在尼日尔三角洲西部的伊策克里人（Itsekiri）那里有逐渐泯灭的趋势［据劳埃德（P. C. Lloyd）］，往往很难区别于村庄或村内的街坊的家宅在社会结构中脱颖而出。这些家宅在争取成员方面形成竞争局面，因为每个人在理论上都可以声称拥有自己的所有后裔的家宅，直至而且包括第七代传人，或者由后裔作出这样的申明。这些特殊之处使得我们将调查扩大到棕榈油贸易和黑奴贩卖的主要地区以外；实际上，由于来自贝宁的伊策克里人操一种约鲁巴方言，他们的语言促使我们把目光投向西部更远的地区。 232

我们在贝宁看到，街坊成为社会的最基本的单位，这一点比我们所考察的上述情形更有意思。不过那里的街坊具有以下两个不可分割的特征：裔传群体的成员都出自一位共同的祖先，同居一地的民众都服从一个履行政治功能的首领。此外，我们在分析他们关于起源的神话时所发现的格式在努巴人（Nupe）、中部邦图人（Bantous）和尼洛提克人（Nilotiques）那里也同样可以找到。按照这种格式，整个社会起源于一桩婚姻，男方是出身高贵的外族人，女方是当地人或自称为当地人的女儿或姐妹，给她带来土地和领有权当作嫁妆。这是中世纪的“宗族”和“土地”的区分的一种出人意料的运用。

我们在约鲁巴人（Yoruba）当中看到了裔传和继嗣规则的一些变化［据巴斯科姆（W. Bascom）和劳埃德］，加上人们在更偏西的地区的贡沙人（Gonja）和罗维伊利人（Lowiili）［据 E. 古迪和 J. 古迪

(E. et J. Goody)]、北部努巴人［据 S. F. 纳代尔（Nadel)]、我们的研究的起始区域克罗斯河以东的亚科人（Yakö）［据福尔德（D. Forde)]、喀麦隆西部的芒比拉人（Mambila）［据赫费施（F. Rehfisch)］等社会搜集到的一些同类现象，这些都显示出一个幅员极为广大的区域——甚至再现于远至苏丹的努巴山脉地区（据 S. F. 纳代尔）——所具有的共同特征。例如，首领职位或王权的执行机构是由旁系轮流坐庄的；自 18 世纪起就在几内亚湾国家里见到的"男人继承男人，女人继承女人"［鲍斯曼（Bosman）语］的原则；一些成员分散的母系群体的主要是巫术和宗教的功能；社会身份和传统价值的积极捍卫者；本地化的父系群体的政治功能——借助于新的联姻或从外部招收成员，这些群体趋向多样化和扩大化。

233 因此，我们不禁产生了怀疑：当民族学家提出越来越多的名目，以便从那些叫做父系体系（但有母系体系的侧面）、母系体系（但有父系体系的侧面）、双系、双重裔传、母系亲属等等的系统当中区分出每一项细小差异时，他们是不是上了某种幻觉的当。这些讲究入微的字眼往往出于每个观察者所采用的特殊视角，而不是出于社会本身的种种内在属性。

A. 理查德（Audrey I. Richards）在研究中部邦图人的过程中早已懂得，在同一地理区域内表现出不同程度的母系特征的民族并不靠特殊的继嗣和裔传方式相互区别，而是要看每个民族内部的妇女的接受者与提供者可以施加于对方的权力的大小。实际上，我们能够在这种关系中找到解决非洲社会学所提出的问题的钥匙。在从这个角度考虑这些问题的同时，我们并不奢望找到家宅的终极形式。然而，我们却能更清楚地看到，一些建立在谱系裔传和土地关系双重基础上的社会单位——大多数非洲社会都是依赖这两种成分建立的——如何预告了家宅的出现。最后，这种分析办法以自己的方式验证了一条虽然不是普遍的，但运用范围比人们预想的要广泛得多的公式。按照这条公式，妇女的接受者基于出身或权力首先便拥有一种社会的和政治的权威；提供者则带来土地，但却持有法术或宗教的力量。

围绕着一个传说的、神话的或者是真实的领域，这些社会单位要么把母系亲属和男系亲属汇聚起来，要么把母系亲属和同母异父的亲属汇聚起来；它们不是根据不同的继嗣方式，而是根据家宅（或替代物）之间的竞争关系。在非洲，两种要么有利于接受者、要么有利于提供者的婚姻是用来进行这种竞争的正常手段。而其他的显得效力一般化的机制似乎被用来中和这种竞争关系：例如所谓“树王者”（*faiseurs de rois*）所扮演的补偿性角色。君主制国家承认依照皇朝规则没有继承权的父方和母方群体可以扮演这种角色。 *234*

在整个本巴族内部，亚奥人（Yao）的社会组织［据米彻尔（J. C. Mitchell）］出色地说明了父方亲属和母方亲属之间的对立关系。首领对自己的兄弟和外甥满腹生疑，因为他们属于他的潜在的对手；他反而信任被继承规则排除在外的儿子们。我们在阿尚迪人那里早已见到过这种态度系统（见福特斯）。它恰好将欧洲中世纪武功歌所表现的态度系统颠倒了过来。这一点很能说明问题。有位专门研究这个时期的历史学家［施米德（K. Schmid）］把家宅定义为一个地位和名号的等级体系；这两样东西就是民族学家所研究的有此类组织的民族所常说的“总部”，它们沿着理论上的继承权世系代代相传。在非洲，尤其是在亚奥人和仑达人（Lunda）当中［据坎尼松（I. Cunnison）和别比伊克（D. Biebuyck）］，永久继承的原则证明了同一个系统的存在；有必要说明，父方亲属和母方亲属各自的地位，即接受者和提供者的地位在这里具有原型的意义。因其如此，曾经观察过亚奥人的米彻尔才把分别为年长者和年幼者的家宅叫做“母氏家族群体”，即投身政治角逐的“姆奔巴”（*mbumba*）；这些家宅使一个或数个父系围绕着一个主导的母系聚集起来；从母权的角度来看，这正是我们前几年多次遇到的一种形态，只不过是用父系继嗣的惯用语表达的。

生活在赞比亚和扎伊尔交界地带的仑达人显示出了相同的特点。他们承认男性联系，尽管在他们的社会里，母系裔传才是规则，只有王室或贵族世系除外。所以，这个系统跟那些中世纪所说的妇女们“搭桥铺路”的体系形成对称（只是此处为男子）。同样在仑达人当中，执行机构的轮替还有另外一种：有资格给王室提供妻子——从而提供王权继承人——的氏族之间的轮替。我们已经强调过这些系统在永久继承方面所具有的功能相似性。它们的目的都是消弭历史偶然事件（并非总能做到），办法是根据被指定轮流统治的世系或者向王室提供配偶的氏族［在 40 个巴干达人（Baganda）氏族中，大约有 15 个属于这种情形］的数目，精心安排周期为 $n \leqslant 1$（相当于永久继承情形下的一个世代之隔）或周期 $n \geqslant 2$ 的有规律的归返。这些非洲社会似乎在努力寻找一种粗略的摊派办法——不过显然是徒劳无功，以求调和历史变迁中的偶然性——远古和近期的历史证明它们面向这些偶然性的开放程度很大——并取得一种纯属幻想的担保：尽管需承受一些风险，整个事情将会以既没有输家，也没有赢家而获得解决。在这个意义上，假如必须按照一些理论上能够消弭敌对关系和担保每个家宅都有机会的规则来为非洲的家宅下定义，那么后者实在是很像一些“反家宅”。

235

在这些民族中，我们确实看到一种克服父方亲属与母方亲属之间的敌对性的考虑。仑达国王一登基就放弃母方的氏族，但却在身边给一些原来的亲人安排重要的位置。与亚奥人和阿尚迪人不同的是，对他构成某种危险的人正是他自己的儿辈和孙辈，正如王室起居录所证实的那样。

中部邦图人关于起源的神话特别引人注目。这倒并非因为我们从中可以找到一些历史见证，而是由于它们揭示出这些民族在观念上如何看待他们的社会秩序和起源。它们背后有一个潜藏的观念程式，与人们已经在贝宁和努巴王国的神话中得到的十分相似：一位或数位征服者连续地与本地当时的领有者结成婚盟并从后者那里得到妻子，在获得后者的姐妹或女儿的同时，也获得了对于土地的主权；结果是通过一系列开发活动，土地从荆棘丛生的荒野变成有人居住之地；有人居住之后，土地从耕种的土壤变为王室领地，最后，被视为生产手段的土地又变成了收获入仓的产品本身，以供君主支配。

最后，看来父方亲属和母方亲属之间的对立和用来克服这种对立的制度化手段——毕竟是暂时的——有助于说明一个古老的问题：国王如何被处死。这种习俗因弗雷泽的著作而相当有名，被认为多少确实地发生在大约 15 个非洲社会里，在若干社会中得到了证实。按照规则，当亲属和对手认为国王的权力已被削弱的时候，就会逼迫国王自杀，或者将其扼死、闷死，以至活埋。然而，这条规则与克罗斯河口老卡拉巴尔地区的某些实践呈现对称：就在国王咽气的时候，他的兄弟和甥侄们会杀掉所有他们怨恨的或他们怀疑会篡权的人。因此，一方面是国王被同时也是对手的亲人活生生地杀死，另一方面是亲人把死去的国王的对手或敌人杀掉，两者形成对称。[①]

236

1948 年，在一次纪念弗雷泽的研讨会上，埃文斯-普利查德曾

---

① 关于已经阐述过的所谓“典型做法”的其他应用，见 145～146 页。关于这个问题，可参阅《前言》，13 页。

经第一个对国王出于某种宗教或神秘的理由而被处死之说提出了质疑。按照他的看法，应当为这种习俗找出社会学的基础，因为它可以更好地通过社会的内在张力来加以解释：例如，在石鲁克人（Shilluk）那里，当涉及决定王位接班人的时候，这种张力便体现在父方亲属和母方亲属之间。正如非洲其他一些民族一样［我们增加了约鲁巴人（Yoruba）和斯瓦孜人（Swazi）］，石鲁克人拥有一些能够删减王室的世系的制度化手段，或者把国王可从中迎娶年轻女子的旁系亲属贬为庶民，因为那些姑娘负有将自己的王室丈夫掐死的责任。

十几年以后，M. W. 杨（Young）对这种社会学诠释提出异议，他的根据是他自己在尼日利亚北部巨昆人（Jukun）当中所做的调查。那里的男系亲属和同母异父亲属联手负责处死国王。前者作出237决定，后者着手实施。此外，王室两个世系之间的轮替规则规定，国王的死亡有利于一个双方均无成员加入的世系，以便让双方都远离权力。为了使对于这个例子的讨论有用处，我们有必要弄清楚——因为正如埃文斯-普利查德已经就石鲁克人强调过的那样，人们往往对此毫无所知——联姻是否在轮流执掌王权的世系之间进行，如果答案是肯定的话，还需知道究竟是哪些世系。对巨昆人的材料作出的仔细研究暗示这样的关系确实存在。

莱恩哈德（G. Lienhardt）有关丁卡人（Dinka）、石鲁克人和阿努亚克人（Anuak）的一本书和两篇论文在某种程度上澄清了这些阐释问题。丁卡人活埋的，是主管神圣长矛的教士，而不是国王——他们根本没有国王。另一方面，他们对于氏族之间——有些是“教士”，有些是“武士”——的关系的构想是以舅父与甥侄辈之间的关系为样板的。这与埃文斯-普利查德的论点一致。另一方面，从土著见证人的叙述可以得知，父亲和母亲的两个氏族都参与实施处死教士或君主的行动，这一点跟巨昆人一样。为了不致陷入矛盾，有必要参考潜藏在连细节都跟中部邦图人的神话相似的尼洛提克起源神话背后的观念模式。这两处的社会秩序的前提均为父方氏族和母方氏族——即妇女的接受者和提供者——之间的一场最初的冲突得到了克服。如果我们从绝对意义上思考接受者和提供者之间、贵族和平民之间、征服者和土著人之间的客观关系，那么这种关系就能够为社会提供一个模型。与此同时，在每一个村庄内的社会实践都在利用这种关系，此时它是在相对意义上来考虑的：每一个武士都心怀从教士的氏族里娶妻的野心，以便从教士手中骗取有利于即将出生的婴儿的生命力。最后，尼洛提克人的情形很好地说明家宅的轮廓是如何形成的（同11世纪时的古代日本一样，几乎是独家向皇室提供女子的氏族藤原族内部的旁系亲属之间爆发了冲突）：当旁系之间出现危机的时候，最近的姻亲便同他们的女婿结成同盟；父方亲属和母方亲属之间的划分于是变得模糊不清，旁系亲属之间反倒不时产生或加重了分歧。 238

上述考察有助于澄清在不少著述里始终围绕着亲族（英语 kindred）这个概念的模糊性。我们试图把亲族规定为类型十分特殊的一个群体，具有可以说跟氏族、世系、大家庭和核心家庭一样的客观现实性；而且，我们很快就发现只能通过一些负面特征才能把它区分出来：即列举所有那些它不具备的特征。可是，实际上，不应认为操英语的民族学家所说的 kindred 是一种与众不同的社会形式；它更像是一个**操作性模式**，以使研究者能够从一大堆使人眼花缭乱的亲戚或由于需要而重认的亲戚中间，剪切出**专用于此**的配置。

如果不考虑尼日利亚南部的一些民族，非洲大概就只能提供家宅的一些雏形了。不过，我们确信，在今年我们清查过的所有地区当中，尚有一个名副其实的不变量；这个不变量就是在王朝方面提供一个或数个王室世系和“树王者”的父方亲属和母方亲属的二元现象。依照当地是接受者还是提供者占据重要地位，这种角色时而由前者担当，时而由后者担当。根据罗斯科（Roscoe）、瓦尼萨（Vanisa）、法勒斯（Fallers）、娄厄（Low）、索思伍德（Southwold）、马盖特（Maquet）和鄂施等人的著述，来自湖泊之间的卢旺达和布干达王国的各种事实可以证实这一点。

可是，假如我们打算澄清许多非洲文化专家的困惑，就应当把注意力投向不分亲系的继嗣以及以制度化形式出现的家宅。这些人断定某些成分属于社会结构的基本成分，却在描述时陷入了尴尬的处境。例如视为世系的居住群体，男系亲属的世系转变为母系亲属群体——埃文思-普利查德承认没法将其归入民族学术语的任何一个范畴；当其他一些著作者谈到约鲁巴人［据巴斯科姆（W. Bascom）］和洛维杜人（Lovedu）［据克里治（E. Krige）］的时候，我们也可以看到同样的困惑。我们还找出了在奔巴人（Bemba）的“厄冈达”（*nganda*）的性质问题上的不确定性：按照A. 理查德的看法，这是一种母系世系，可是又不能约简到共同居所、土地所有权或支配权等标准；这是坎尼松没有仔细说明其类型的一支后裔；别布伊克（Biebuyck）则在试图说明仑达人的厄冈达的性质时最终提出，这是一种与**世系**相仿的**当地**群体，它拥有一块**领地**，形成一个单位（A. 理查德认为**永久继承**是其唯一的基础）。我们则强调了家宅的四个典型维度的相应词项。

因此，即使在非洲，我们也能看到浮现出一种制度，它超越了民族学理论中的传统范畴，因为它结合着裔传和居所、外婚制和内婚制、继嗣和联姻、父权和母权，同时结合着世袭和选择、资历和势力，以及意义更普遍的内涵（“种族”蕴含的所有美德）和外延（“土地”所指的所有不动产）。

然而，这种融合并不彻底。我们在一些地方看到从父系制度到母系制度之间的过渡，或者从多少带有一者特征的模式向带有另外一者的特征的模式之间的过渡，这些地方或许比其他地方更清楚地表明，两种制度之间在家宅方面没有类比性。如果说，正如经常发生的那样，参加非同寻常的联姻游戏的男人属于施动者，妇女属于被动者，那么就得承认提供者享有很大的初始优势：在提供者那里，妇女的身后站着男人；而相反的局面则在另一方那里占优势：接受者的身后只有女人。① 这样才使父方亲属产生了这样一种需要：让他们的男系亲属履行施动者即男人的角色，以便在子女联姻方面打出更好的牌。 *240*

从这里，我们也许应当看到姑母或者姐妹对甥侄辈或者同胞兄弟姐妹的神秘权力的深刻理由（至少是理由之一吧）；就好像是尽管带有意识形态的性质，这种力量是可以用来抵消母方亲属对于他们的亲人所在的男系亲属世系的侵犯——一种永远令人担心的行为。前几年，我们曾经觉得男系亲属具有的精神力量似乎占据着以波利尼西亚和密克罗尼西亚为代表的家宅式社会的地区；现在我们又在非洲，在尼亚科尤萨人（Nyakyvsa）、洛维杜人、斯瓦孜人以及卢旺达见到了它。

可是，正如这门为时六年的课程试图说明的那样，如果民族分类学有必要为家宅保留一个位置，那么从中得出一条更有普遍意义的结论便是顺理成章的事。这是因为，仅仅从没有文字的社会中总结出家宅的种种区别特征即便不是完全不可能，至少也是十分困

① 在像十七八世纪的法国这样的家宅式社会里，人们对此有充分的意识：“……应当承认，英国的女皇比国王统治得更好。姑妈，您知道这是为什么吗?”一天，当着路易十四的面，勃艮第大公对曼特农夫人这样说，“那是因为国王的后面尽是女人在统治，而女皇的后面都是男人。”（参见圣西门：《回忆录》，卷三，xliv）

难。借助于欧洲中世纪以及同时代或后来的东方和远东地区的档案资料和文学作品，那些特点变得比较容易看清了。离我们较近的时期的一些作家——从圣西门（Saint-Simon）直到布瓦涅伯爵，甚至在他们之后——一直在讨论家宅这个问题；家宅在好几个地区的农民的遗产继承中也扮演着一定的角色。

为了把含义不明的古老的或现今的习俗解释为由原始民族所体现的某种社会状态的残存或遗迹，人们几乎自然而然地求助于民族学。这样的时代已经过去了。与这种过时的“原始主义”相反，我们更清楚地认识到，我们自身的历史所明确记录的一些社会生活方式和组织类型可以用来说明其他不同的、由于缺少文字资料或者由于观察时间太短而显得混杂不清的社会的生活方式和组织类型。所*241* 谓“复杂的社会”和被误称为“原始的”或“远古的”社会之间的距离比人们能够想见的要近得多。为了跨越这个距离，我们有理由从彼地攀升至此地，也需从此地下降到彼地。

在很长一个时期内，民族学的主要任务是搜集依然可能从不同的信仰、习俗和制度中了解到的所有东西，它们是人类的丰富性和多样性的不可替代的见证。但是，民族学家在不玩忽其首要职守的同时，同样也应该注意这些充满干扰的周边地带，在那里，这些时而来自身边的社会、时而来自遥远的社会的信息有时会相互抵消，更经常的是相互加强。这是当今人类学的任务之一，更是未来的人类学的任务之一。

第六部分

附录：九份课程简述

讲授于高等实验研究院宗教科学系
研究方向：无文字民族的宗教比较

第二十九章　亡灵的探访

（1951—1952 学年）

我们试图把活着的人对死去的人的两种态度联系起来。第一种态度可以在知情的故者这个民间传说主题中看出来，它像是建立于一种两厢情愿的基础之上的合同：死去的人不再困扰和纠缠活着的人，从而换来后者的尊重并定期向他们表达敬意。他们则让活着的人和和平平地休养生息，甚至保证春来秋往，保证菜园和女人们都多生多产，保证信守诺言的人健康长寿。

与上面所述的妥协办法相反，第二种态度可以在另外一个民间艺术主题中看到。在这种所谓好斗的骑士主题中，死去的人和活着的人像是永远为施加影响而争斗。死去的人企求安乐长眠，活着的人则无视这种愿望：他们不停地调遣死者以帮助自己完成雄心壮志并满足自己的虚荣，而这种虚荣的基础是对亡魂魔术般的支配能力，或者，从社会学的角度看，是对先辈们亲系的支配。死去的人终日不得安宁，但是他们有办法让后辈为此付出沉重代价：利用他们所能引起的惧怕，利用他们仍然拥有的威望，利用人们认为他们拥有的法术。因此，从一个角度上说，死去的人和活着的人通过公平分享来维持和平共处的状态。从另外一个角度上说，活着的人以亡者为资本进行无度的投机，为自己谋来进取的机会；不过，活着的人制造了死去的人的神秘性而无法从中拔身，而这种神秘性又迫使他们不得不向死者让与很大的权力，尽管他们自己巴不得独享同样的权力。

246 表面上看，这两种态度并不相容，可以肯定，在大量社会中只能看到其中一种的表现形式。但是，在世界上的好几个地区，这两种态度同时存在，就好像它们相辅相成，相互印证。南美和北美都有这种形式复杂的例子，我们来看看其中几个。

在巴西中部的博罗罗人部落里，这两种态度都与阿罗（*aroe*）的集体崇拜相连。这是一个真正的“亡灵社会”，在村子里由男人会馆作为永久性代表，而男人会馆又拥有专职的特别教士，尊称为“灵魂之路教主”，或者是 *aroettawaraare*；“亡灵社会”同时也由“巴尔”们（*baire*，单数形式：*bari*）个人的魔法作为代表，他们每个人都与一个单个的灵魂有契约，但是很难看出来谁是主谁是仆。

这两种系统的表达，包括信仰和实践，都可以在葬礼中看到：这既是充满敬意的庆典，标志着逝者加入作为部落保护者的亡灵社会；同时也是男人社会对逝者负有责任的那个灵魂的报复。对这两种表达形式的仲裁在毛里（*mori*）或者债务的观念之中并且通过这种观念来展开，要么是生者负于生者，要么是生者负于死者，要么是死者负于生者。大量细节证实，两套信仰和服饰体系在生活中和在土著人的观念中形成了一个对立的系统：一方是白天、流水、东西向以及集体规则；另一方是黑夜、星星、南北向以及个人的意愿，等等。

类似的系统可以在北美中部和东部的阿尔冈金人部落里看到。不过，我们在博罗罗人那里看到的是生者中的男性社团给尚未入会的外人表演行善的亡灵的探访，而阿尔冈金人中的密德维汶（*midewiwin*）或者密塔汶（*mitawin*）（分别为奥吉布瓦人和梅诺密尼人的土语）社团则向男女都开放，这些由生者组成的社团为自己表演自己的死亡，以防止亡灵的回访。可以说，这两种形式既对立亦互补。其中我们总是能看到一个由生者组成的社团，但是，这个社团有时期待，有时惧怕亡灵的回访，所以他们有时协助，有时阻止这种回访。这两种形式所采用的方法是一样的：一个自称代表死去的人的社团，其宗旨或者是向活着的人显示亡灵回访的假象，或者是要说服死去的人，让他们相信后辈在继续扮演他们的角色，而且是完完全全的正角，所以，他们大可不必过分操心，让后辈不得安宁。阿尔冈金人部落里有被称为杰萨奇德（*jessakid*）和娃贝诺（*wabeno*）的萨满教巫师，他们相当于博罗罗人中的巴尔（*baire*），也行使同样的职能。

247

我们继续到讲苏语的部落，特别是温内巴戈人（winnebago）和奥马哈人部落进行调查。在那里我们观察到，同样的主题在另外一个宇宙体系中得到重新组织。这个体系要么是二元的（东西对立，南北对立，或者上下对立），要么是三元的（天、地、水），甚至还会发展到五元（地同时与两个次系统相对立，一是水与水下世界，另一个是所谓的九天以内与九天以外）。这样，我们就有可能在各个群体中的宇宙系统之间建立一个和谐的系列，而这些系统的基础是宇宙学、空间方位、颜色、动物和植物分类，以及祭仪中重复出现的象征：星星代表天，滚动的石头代表地，贝壳代表水。

要是用解代数题那样的办法来研究上述这些象征的话，我们就能逐渐简化手头的问题，就能把众多有关信仰和礼仪的繁杂的体系简化成一种在二元和三元系统之间的更根本、更正规的对立。在1948—1949年之间我们曾经在本校第六分部介绍过以前所做的研究。这些研究表明，我们刚刚介绍的这些社会都以二元的结构为特征，与经典类型的结构相比，这些二元结构显示出一系列非规范性，它们在不同的社会不断重复出现，似乎标志着一个更深层或者更古老的三元组织。[①]

248 我们在形而上学观念和宗教信仰中都观察到同样的非规则性，由此我们不只是加深了对这些思想观念本身的认识：我们还进一步显示出它们并不孤立于社会生活的其他方面，而各个社会所表现出来的、活着的人与死去的人之间的关系只不过是投影在宗教思想银幕上的活人之间的真正关系。

① 参见《结构人类学》，第八章，巴黎，Plon，1958。

第三十章　美国神话研究

（1952—1953 学年）

249

这个讲座完全集中在对数个不同版本的创世神话进行比较研究。这些神话的出处是美国中部和西部的普韦布洛印第安人（豪比人、祖尼人和阿柯玛人）。我们分析评论了 30 多个版本，希望能从中抽取出几条普遍的原则。

首先，我们的出发点是把所有神话语段当成一种纯理语言来对待，而其中的基本构成单位是**主题**或者本身并没有意义的**片段**。就像语言中的音素，这些片段只有在衔接成系统之后才能获得意义。

其次，我们想知道在同一个神话的好几个版本中，是不是有的版本因为更古老、更完整或者更前后一致就具有特别的价值。对这个问题的回答是否定的。神话是由各个版本的总和组成的，这个总和从定义上说就是不完全的，所以也是开放式的。这样我们只能把神话作为一个不可尽数的总体来对待，我们对它的认识也只能是大概的。神话的这种像永远也翻不完（*ad infinitum*）的书页般的结构在每一个版本中再现，而其中的情节表面上是连续的，但实际上并不像历史事件那样不可逆转：这其实更像是从不同的角度再现同一个基本模型。

在这些条件下，要解决神话研究提出的问题，我们就要把构成神话的要素分离出来，我们必须按照更严格、更客观的步骤制定正确的方法，而不是像民俗学者那样，有时出于与所用材料的本质不相关的考虑而从中任意提取“主题”或者说“动机”。

250

上面提到的这些看法从好几个角度看来都可以引出以下几个严格的方法：

首先，我们在分析一个神话时，要着重从不同的情节片段中找出其可逆性或者不可逆性。可逆转的情节是由一些不可逆转的转折点连接起来的，我们要是能够把这些转折点找出来，就可以把可逆转的情节分离出来并了解它们的独特之处。

其次，我们可以把所谓可变换性的实验应用到同一个神话的研究之中。在叶姆斯列夫（Hjelmslev）的语符学中，我们看到过大量这样的实验，它们帮助语言学家确定语言中的构成单位。比如说，在某一个神话的一个版本中，如果 A 情节之后是 B 情节，如果这一对情节在另外一个版本中以 A’ B’ 的形式出现，在第三个版本中以 A” B” 的形式出现，我们就可以通过 A 与 B，B’，B” 的总体关系来定义 A，如此类推。我们已经看到过好几个使用这种分析方法的例子。

最后，某些仪式被看作是被演出的神话，对它们的分析研究揭示了多少有些自然的划分，我们于是把被看作是被思考的礼仪的神话也置于这种划分之下。这第三种方法为使用前两种方法得到的研究成果提供了宝贵的证实手段。

在使用这些方法来研究中部和西部普韦布洛人的创世神话的过程中，我们希望能够澄清几个问题。在土著人的思想中，礼仪中小丑的功能与所有被看成是非自然的步骤相关联；但是，通过一系列对死亡和耕种、耕种和狩猎、狩猎和战争，最后是战争和死亡的变换性研究，我们显示出了礼仪上的小丑、战神和神遣的信使都是同一类型的不同组合，这从而解释了礼仪小丑在所有与战争有关的职业中至今一直不明不白的角色。在对不同版本的神话的研究中，我们终于看到了多种结构的变化，它们给我们提供了重要的规律性和高度系统化的特征，而这些特征与每个土著群体生存和发展的各种经济和社会条件相对应。 251

第三十一章　美国神话研究（续）

（1953—1954 学年）

252　继上一年对中部和西部普韦布洛人的创世神话进行研究之后，今年我们转而研究同样的神话在东部部落［凯雷斯人（Keres）、提瓦人（Tiwa）和特瓦人（Tewa）］中已知的版本，我们同时也进行一些总体比较研究。

我们以前观察到，西部的版本显示出一系列的过渡：从生命到植物的机械性生长，到野生植物的食用价值，再到栽培植物的食用价值；由此，再过渡到狩猎，到战争，最后到死亡。狩猎处在这种辩证思维之中心这个事实使土著人的思想表现出一个意想不到的矛盾：狩猎既是生命（因为是食物的来源）同时也是死亡。这种属于中介观念所必有的双重性在神话中有所显示，它表现于大量成对出现的狄俄斯库里（普韦布洛人的战神），它们的功能是保证在不同的极端之间有所调停，而这些终端既相互对立，但是也由于各自的利益而互相孤立。

相反的，东部神话从一开始就显示，在耕种和狩猎之间存在着共性；这些神话试图从这个总体概念出发来推演生命和死亡。不过，这种一致性和在中西部神话的一致性一样难以捉摸，我们面对的是与西部神话的结构对称但颠倒的结构：在那里，成对出现的是两个极端（就像凯雷斯神话里的两姐妹），而从中进行不可能的调和的是一个权限含混不清的独个人物［孜亚人（Zia）的波霞燕娜］。

253

为了能够解释这种颠倒的结构，我们不得不在最笼统意义上提出调停问题。一次正式的研究分析使我们能观察到，狄俄斯库里（普韦布洛人的战神）的程式和救世主的程式已经把解决办法全部显示了出来。但是，我们可以走得更远一些：我们对大平原印第安人的神话进行过一次匆促的调查，并把它与普韦布洛人神话相比较，这次研究突出了一系列变数，而对它们的分析显示了一个程式是怎样过渡到另外一个程式的。“太阳之未婚妻”这个潜在但无效的救世主，在“祖母与孙儿”的周期中被分解为非狄俄斯库里式的、具备对立的属性的对子。而在“草房之孩儿和激流之孩儿”的周期中，那对非狄俄斯库里对子可以说是又翻转了过来，让位于真正的狄俄斯库里战神。今年戴密微先生刚出版的哈丁格斯传奇间接地并且是出人意料地给我们的发现提供了证据，因为他成功地从斯堪的纳维亚神话思想中提取了溺死者和吊死者这对角色，而他们正好和在美洲人思维中占主要地位的另一对角色相对应。

在这些理论的武装之下，我们可以回到普韦布洛人神话中救世主的角色，与大部分评论者的意见相反，我们可以建立起这个角色在哥伦布时期之前的特征；在对普韦布洛人的传统、圣书（*Popol*

Vuh）中的某些章节，以及多种墨西哥的材料的比较研究中，我们也可以找到对这种看法的决定性支持。另外，我们也指出了普韦布洛人神话中这个人物的普遍性，并根据每个神话的结构解释了这个人物主要的和次要的角色，他在故事中过早或者过晚的介入，他的行善的、惩罚性或者两者皆有的功能。

通过对所有这些方面的分析、分类和归纳，我们最终能够把美洲宗教思想中的一个主要形象提取出来。这个形象至今为止很模糊，因为它构成了充斥于这种思想中数不尽的“骗人的神”（*trickster*）的某种共同点。露水、血和灰烬之神通过动物界中的郊狼、乌鸦，还有植物界中的麦仙翁来体现。在这个地区土著人的故事中，这个神被描写为“灰男孩儿”、“持拨火棍的男孩儿”、“玉米心男孩儿”（*corncob boy*）。

254

最后，我们以对这些民间故事中的主角与灰姑娘这个人物的比较来完成对前者在哥伦比亚之前的来源的论证。这个比较同时也使我们能够提出比较神话学的一些原则和方法上的问题，并使我们能够利用新的例子来示范这样一种神话逻辑，它在定量的意义上说，与另外一种逻辑一样（因而很难说它们之间有什么区别）表现了必要性和普遍性的特征。

第三十二章　神话与礼仪的关系

（1954—1955 学年）

现在，我们通过一个详细准确的例子来重新研究一个古老的、引起过如此之多的争论的问题。作为基础材料，我们选用了 A.C. 弗莱彻（Fletcher）的经典专题论文：《鲍尼人（Pawnee）的礼仪——*Hako*》（美国民族学研究所第 22 期年度报告，1904 年）。这是现有的一份罕见的对一个完整的礼仪详尽的分析，而且，这份分析报告还附有土著人的珍贵的评论。 255

我们回顾了这份报告在 A.-M. 霍卡特建立他的理论思想过程中所占有的地位，并讨论过他对这个论题所做的结论。在这之后，可以说，我们再来努力把礼仪机制一部分一部分地拆卸开来。这项工作使我们可以对各种象征、有意义的行为和有动力作用的观念进行初步的分类，目的是要重建一个在某种意义上说的“剪辑图”，它的真实性只能是无意识的，而它在各种情况下却都具有启发性作用。

作为研究的第二部分，我们接下来对两类要素进行系统的对比研究：第一类是用以上办法抽取出的各个类别的要素；第二类属于同一种类，不过是从多尔赛（Dorsey）、格利奈尔（Grinnell）、登巴尔（Dunbar）、威尔特菲斯（Weltfish）等人收集的大量的鲍尼人神话中整理显示出来的。

在我们看来，至少是从我们手头的这个例子上看，那些常见的对神话和礼仪之间的紧密关系的理论见解无论如何都难以自圆其说。没有一个礼仪从整体上是建立在神话基础上的，即使有的神话具有奠基性意义，它们的影响一般也只是显示在礼仪中次要的或者后来添加的细节上。从另一方面来说，如果说神话和礼仪并不相互重复，它们倒是相互补充，只有把它们放在一起来，才可以使我们对被研究的文化所特有的某些思维机制作出假设。在鲍尼人那里，这种在神话和礼仪之间的互补性令人吃惊。以入社仪式中所穿着的服装为例子：所有与巫医秘密社会入会仪式有关的神话和礼仪都具有极其一致但是颠倒的结构。由此，我们就可以假设在这种现象之下存在着一种社会心理系统，而神话和礼仪正构成了这个系统的许多侧面。

256

这样，鲍尼人的宗教思想和宇宙观的非凡复杂性，加上他们极度繁复的礼仪，就显示了他们逻辑思维中的一个主要特征：土著思想家中存在一种或者可以从他们的历史中找到渊源的奇特的矛盾；他们好像对对立性和矛盾性特别的敏感，并且花费了很大的力气来克服它们。

然而，这些对立性的双方本身也总是具有双重性；它们从来不是简单的关系，而是我们的分析已经显示很难再简化的这些对立性本身的先期综合。比如，*Hako* 礼仪的目的是在一系列成对关系之间进行调停（这在土著思想中被看成是十分危险的行为）：父与子，同族与外族人，同盟与敌人，男人与女人，天与地，白天与黑夜，等等。那么，这种调停中的因子都是神圣的，它们中的每一个都代表对立关系中的一方，而它们自己本身又是由从这两个对子系列中借取来的等量的部分构成的。

只有对神话和礼仪进行平行研究才能得出这种论证，其补充部分可以归纳为并行的两个方面：一方面，是对至高无上的蒂拉瓦（*Tirawa*）的一个孩子的鉴定礼仪，以及随后在本身也模糊不清的秘密仪式中的操纵；另一方面，是神话故事暗含的对不为秘密社团接纳的人的双性倾向的理论：这种理论通过礼仪中最晦涩的侧面得到提示，它反过来也对这些晦涩的侧面进行解释。

257

最后，我们可以说观察到了礼仪中有表意价值的部分完全限制在乐器和手势上。话语——祈祷、咒语、套话——都是空洞的，或者最多只是有一些非常微弱的功能。从这个角度上，神话和礼仪之间真正的对立显现了出来。神话是语言，但是它是通过使用与之相适合的语言来获得意义，而礼仪只是泛泛地使用语言，它选择使用其他媒体来表意。我们建议用**元语言**和**副语言**这两个词来表达这种区别。

神话学者最好借鉴语言学的方法来制定自己的解译模式；而要研究礼仪，我们就应该往游戏理论的方向探索。游戏由一套规则来定义，而这套规则可以演变出无数的赛局，礼仪就像一场特殊的比赛，它出现在所有可能的赛局之中，因为比赛双方的某种平衡就是由此产生的。如此说来，游戏是**脱离式**的：它在参赛的人或者团体之间制造出一种差异，而这种差异在比赛开始的时候并不存在。与游戏相对称或者说相反，礼仪是联结式的：因为它在参赛的双方（最起码，我们可以说一方是教士，另一方是所有信徒）建立一种联合（这里我们可以说一种教派），或者，至少是一种有机的联系，而在比赛开始的时候，这两个团体是没关系的。最后我们探讨了这样的一个问题：游戏理论中使用的战略战术概念是不是可以用来加深对神话和礼仪之间的关系的理解。

第三十三章　婚姻的禁忌

（1955—1956 学年）

258

这是个很广泛的问题，但是我们只能从一个很窄的角度去研究：我们提出过这样的问题，一个亲族关系系统以及与之相随的婚姻规则到底在多大程度上可以作为一个独立于社会现实的其他方面的整体来研究？

这个问题引起了我们的双重的兴趣。首先，帕森斯（M. Talcott Parsons）先生思想某些新近的发展包含着这个问题。确实，哈佛大学这位卓著的社会学家正致力于发展某种社会心理平行论，称其能够把当代结构主义者的研究结果融会到人类学、语言学和精神分析学这三个领域里去。尽管这些研究成果尚未发表，但是帕森斯先生允许我们为准备这

259 个讲座而先睹为快。[①] 这种新的理论对婚姻禁忌的起源和功能提出解释，我们的讲座对它进行了深入的分析和讨论。

其次，婚姻规则和社会结构之间的关系这个问题近年来在具体的领域中得到探讨，研究者是利奇，他发表了好几篇论文和一本书，研究对象分别是东南亚各种不同的社会。利用这个机会，我们审查了有关这个地区的文件，尤其是新出版的荷兰人关于印度尼西亚的著述。对于以宗教表现和社会组织结构的关系为对象的研究来说，这个地区越来越显得有特殊的地位。这里，我们可以看到不同的行为方式同时存在，而最极端的形式之间又存在着一系列过渡的形式。对好几个具体例子的观察研究使我们得出这样的结论：民族学者完全有理由把亲族关系首先作为一个自成体系的结构来对待，再把对不同种类的结构的关系研究放在下一步。

---

① 如果我没有记错的话，1953年底帕森斯途经巴黎，约我在联合国教科文组织的过道上见一面。他从公文包里给我取出一份哈佛大学终身全职教授的合同，上面就差我的签名。他原来以为我会在惊喜之中当场签字。我当时只不过是高等实验研究院的一个研究主任，这份聘书应该是让人喜出望外的。但是我拒绝了，因为，尽管我在纽约的几年成果丰硕（在当时条件的允许下，总的来说是很愉快的几年），我下不了决心移居国外，直至职业生涯的结束。帕森斯并没有因此事而耿耿于怀。我们继续进行学术交流，而且，在发表好几份研究成果之前，他都与我进行过讨论。

第三十四章　对灵魂概念新近的研究

（1956—1957 学年）

我们首先重温了泰勒（Tylor）的著作，以便努力准确理解并抓住他的思想的主线。他可以说是关于灵魂的民族学理论的奠基者。他的理论看上去总有可取之处，主要在于以下两点：它提出了智力心理学的问题，它也提出了探讨认识灵魂的两种既相连也相对的方法。这两个方面总是同时被提到，它们之间的对立性近年来通过语言学的研究成果、尤其是雅各布逊（M. Roman Jakobson）先生的论述得到了澄清。雅各布逊从逻辑思维中分解出两种最根本的模式，它们分别与语言学中的换喻和隐喻相关联。 *260*

因此，灵魂这个概念看来是原始逻辑思维的直接产物，也就是说，它给其他种类的逻辑思维提供了条件。为了能够把一个系统中的所有成分融合起来，灵魂致力于给每一个成分制定某种能够繁衍其所有特征的复制因子（dulplicatum），而且它具有可转换的功能，可以与任何成分的复制因子组合起来。这样，我们就得出了"灵魂世界"的概念；它与经验世界相类似，原因是它常常看上去像是"颠倒的世界"。

我们把这种阐释与主要是以涂尔干、莫斯（Mauss）和赫兹（Robert Hertz）为代表的法国社会学派相对照。我们看到莫斯在他的著作中，以及当他把图腾崇拜和祭品作对比的时候，都使用了类似的方法。我们还对赫兹的研究给予特别的注意，他的印度尼西亚的研究材料无疑会与 1909 年以后的调查研究相对比以得到重新评价，但是，他指出了肌肤的灵魂和骨头的灵魂的区别，这个发现的价值是不会改变的。

我们手头所有的有关印度尼西亚和美拉尼西亚的材料使我们能够准确认识这种对立，同时也可以认识到另外一种对立。这第二种对立同样重要，它存在于"灵魂的社会"与作为构成每个人的个性的各种功能性灵魂的组合之间。

沿着赫兹指出的道路，我们最终谋求把灵魂的二元性和双重葬礼的服装联系起来。我们对后者进行了详尽的研究，南加州印第安人的神话和礼仪给这项研究提供了具有特别兴趣的原材料。确实，与我们最通常观察到的相反，他们的祭仪的目的是消除而不是保存对先辈的记忆：我们因此在这里看到，他们的祭仪是在有系统地、有条不紊地对灵魂以及所有与之相连的观念进行清算——如果我们可以这样大胆地说的话。

第三十五章　社会结构和宗教表现中的二元性

（1957—1958 学年）

我们在 1956—1957 年才开始对这个问题进行研究，这项研究将继续到明年。在这一年中，我们给自己提出了两个不同的任务：重新描述二元性在民族学思想中的历史；整理并评述第一批有关材料。 262

我们所说的二元结构指的是把社会分成两个群体，这种分法并不排除其他把社会分成两个以上的群体，但是其角色是在社会生活其他层次上的方法。在对易洛魁人进行观察的时候，摩尔根（Lewis H. Morgan）第一个致力于这种二元结构理论的研究。

那么，从摩尔根的分析中，我们看得出长期以来困惑着民族学者的问题的轮廓。各种二元结构可以从扩展或者包容的角度进行解释；问题是，不同的选择会导致对起源问题的非常不同的假想。二元结构来自于两个群落不完全的融合？还是来自所有社会群体都会感受到的一种内部多元化的基本需要？如果说各种不同的起源要根据不同情况而定，为什么在世界各地这种二元结构虽然发展程度不一，但是都表现出功能上高度的一致性？

这个问题在摩尔根思想中已经有所阐述，他的好几个同代人也着重对之开始研究。这样，我们可以说麦克莱南（McLennan）建立起了二元性的机械性的和静态的观念，而泰勒则是动态的和功能性观念的发明者。

263 差不多半个世纪之后，德国出现了新的对立的理论，一方面是格莱布纳（Graebner）的扩散理论，另一方面是斯恩沃德（Thurnwald）的功用主义。不过，发展二元理论的功劳，应该归于20世纪初的W. H. R. 里弗斯。

我们今天总是倾向于低估里弗斯的理论功绩，但是我们如果细致分析他的《美拉尼西亚社会历史》一书，就会知道把功劳归于这位英国大师并不为过。尽管里弗斯的二元主义的合成概念在某种意义上让人想起摩尔根，但是他预言并准备了当代民族学思想的发展，尤其是那些与莫斯和马林诺夫斯基（B. Malinowski）这样的名字相连的论说。从另一方面说，他的强有力的综合观念并没有得到流传，因为他的精神遗产沿着一条清晰的分水岭，分别发展成英国的扩散流派［史密斯（Elliot Smith）、佩里（Perry）］和霍卡特（A. M. Hocart）已经有结构主义色彩的思想。正是这样，民族学思考初始之际，摩尔根和麦克莱南之间的理论冲突又再次出现在20世纪当中。

在1957年到1958年之间，只有有关非洲和大洋洲的资料得到清理，有的也只是粗略地被整理了一下。从霍卡特的工作开始，对关于斐济的材料的研究使我们能够从中总结出二元论的一种仍未稳定的形式，并对之提出一种解释：在这种形式中，我们可以说，相互性可以说是以两种相对称但相反的模式，被分解为在两个联姻群体之间的竞争。一方是女子的提供者，另一方是居高临下的接受者。我们指出了这种姻亲群体的裂变在更深程度上引起旁系亲属关系的裂变，最终使得婚姻上的来往变得不再可能，从而把一个外婚体系转变为一个内婚体系。

在分析不同社会舅舅和外甥间态度系统的过程中，我们提出了一种可以把至今为止一直被认为很难比较的各种组织放在同一个版图上的分类法：从新几内亚的巴纳罗（Banaro）人的外婚和母系氏族的二元性到阿拉伯社会中排除一切二元成分的父系氏族制和内婚制，在这两个极端之间是斐济的涛武（*tauvu*）[①] 等过渡性制度，还有瓦苏（*vasu*）[②] 的其他不同形式——中世纪欧洲式、美拉尼西亚式、美洲式等等，用语言学的术语说，也就是有强指标记的舅舅和外甥之间的关系。 *264*

最后，对非洲的某些风俗的分析，尤其是对埃及的加拉（Galla）人、尼日利亚的伊博（Ibo）人，还有其他不同民族有关习惯的分析，使我们能够在另外一个背景中重新提出两种二元性形式的关系问题：在达荷美的城市和行政结构中表现出的地域和宗教的一分为二，以及在苏丹和班图族那里都表现得淋漓尽致的、结构上和功能上的二元性——在那里，家族或者家族分支通过各种特权和责任的错综关系结伴成对。

---

① *tauvu* 在斐济语中指“同根”，在斐济风俗中指有婚缘关系的亲属之间的一种可以互相开放肆玩笑的关系。——译者注

② *vasu* 在斐济语中指一个对其舅舅有特殊要求权（如对食物、财产或土地）的孩子；亦指这类孩子的特殊权利或要求。——译者注

第三十六章　社会结构和宗教表现中的二元性（续）

（1958—1959学年）

265

上一年我们提出要了解民族学者怎样有意识地并且从历史的角度去考虑二元结构的问题。

今年，我们从另外一个补充的角度去考虑这个问题：在这些结构中运作的人本身是怎样在潜意识中和在神话中理解这个问题的呢？

这个问题很广泛。我们不愿意把混杂的事实任意地堆放在一起，而更趋向于选取一个例子并对之进行详尽彻底的研究。我们选取的对象是热带美洲的土著社会，这些土著群体具有二元的结构。我们从三个方面去进行研究：社会结构，亲族关系系统，神秘社会的表现。

从北到南，我们连续研究了好几种情况：中美洲的几个不为人所知的社会——布里布里人

(Bribri)、圭米人（Guaymi)、塔拉曼卡人（Talamanca)；然后是委内瑞拉的雅鲁拉人（Yaruro)、瓜希波人（Guahibo)；亚马逊盆地的图库纳人和蒙杜鲁库人；最后是在巴西中部的博罗罗人和代表格族的几个部落：阿比纳耶人、谢伦特人、丹比拉人。

图库纳人的情况特别引人注目。这些印第安人父系氏族群体分成两个半族，一个与东方和植物有关，另一个与西方和鸟类有关。

他们的神话也浸透了二元性，其主角是两兄弟，迪奥和伊皮，他们分别代表渔业和狩猎、光滑和多刺、夜猴和负鼠。不过我们肯定在这些神话中看得出图皮人图比神话的影响，我们的讨论也尤其着重于在南美很普遍的主题在与高度发展的二元结构组织相接触后的转换方式。 *266*

我们因此发现，二元性的表现在神话中和在社会结构中并不是平行发展的：在这种表现在社会结构中占据更重要的地位的同时，它在神话方面则显得不再那么清晰，那么持续。在古老的图皮人那里，如果一个半族系统存在的话，它肯定并没有占据重要的地位，二元性在神话思想中的体现是通过一系列世代遗传下来的狄俄斯库里式的成对的人物，他们的逻辑上的价值代代相传，可以说用之不尽，或者消耗很小。在图库纳人那里，狄俄斯库里模式显得分散，因为从一开始它就被一分为二（两兄弟和两姐妹)，但是，从第三代开始，这个模式被融合在一个单个的后代的人物上，在孩子刚刚怀上的时候，两个兄弟不得不决定互相合作。

亚马逊河右岸的蒙杜鲁库人提供了我们所知的几个罕见的例子之一，他们属于父系氏族制，但是男女婚后住在女家。他们也是分成家族和半族，分别以“白色”与“红色”为代表。在这些印第安人那里我们看到了曾经在图库纳人那里遇到过的类似的神话主题，但是，对这个新的研究对象我们主要是把注意力放在二元结构和亲族体系的关系上。

那么，我们观察到，在这里也一样，社会上使用的各种“规则”只是部分地“多余”。我们在墨菲（Robert F. Murphy）最近发表的论文的基础上对纳人亲族体系进行的分析表明，如果说它可以加以形式化的话，那只有通过另外的一种二元论，它与我们赋予人种志观察和土著人意识的那种是不一样的，后者建立在一种在“年长辈”和“年幼辈”之间的旁系关系的二元对立上［我们本身在蒙杜鲁库人的近亲图皮-卡瓦希波人（Tupi-kawahib）那里也直接观察到这点］。

上面综述的讨论导致对南美社会结构的重新解释，大家都知道，在那里，舅舅和外甥女之间的婚姻具有优先地位。希望我们已经指出了这不是某类亲属在随意行使特权，而是一种与这些群体的社会结构有必然联系的现象。

267

最后，对博罗罗人和格族所有部落的神话和社会结构的对比研究结果使我们能够提出最后一个问题。两个相隔甚远的群体拥有某些共类的但是倒置的神话主题，它们毫无疑问具有姻亲关系，因此具有非常相似的社会结构形式。确实，这是博罗罗人和格族部落所有的好几个神话的情况。

要克服这个困难，我们必须介绍神话倒置（所有相对称的关系都得到保留）的两种形式：一种形式是功能性的倒置，这可以通过作为研究对象的群体的社会组织中的相互区别得以解释（比如，父系氏族制的承嗣关系或者母系氏族制的承嗣关系）；应该承认，在第一种倒置之外还存在另外一种倒置，与后者相联系的不是社会结构的变化，而是这样一个事实：两个社会由于地理上相距遥远或者语言上的困难，它们之间的相互交流的难度升高了。在这两种情况中，尽管提到的现象具有根本的区别，但这些神话以同样的方式转换。作为结论，我们建议，这里面可能存在着一种可以说是试验性的方法来展示神话思想的结构特性。

第三十七章　狩鹰仪式

(1959—1960 学年)

268　作为参考材料，我们选取了土著人对两次狩鹰远征的描述，这些故事由威尔逊（G. I. Wilson）收集和发表，题目是：《希达茨人（Hidatsa）的狩鹰》（美国自然历史博物馆人类学论文，第三十卷，第四部分，纽约，1928 年）。

狩鹰在几乎整个美洲大陆都有仪式上的特征。我们先是着眼于北美，以描述和区分各种狩猎的技术开始进行研究。捕获到的鹰有可能被杀死（加利福尼亚、平原区、美国东部）、放生（不列颠哥伦比亚）或者关起来（普韦布洛印第安人）。西部的人用笼子，东部人不用。有的地方把幼鹰从窝里就抓来（加利福尼亚和美国西南部），有的则等到幼鹰长成大鹰，再由藏在地坑里的猎人抓起来，这种技术在平原地区的印第安人，尤其是鲍尼人（Pawnee）、曼丹人和希达茨人居住的密苏里高地很流行。

然后，我们试图对鹰毛的象征性，尤其是在平原印第安人那里的象征性进行定义，并从此解释以获取飞鹰羽毛为目的的狩猎行为的重要性。飞鹰羽毛的头饰赞许并纪念武士们的功绩。因此，平原区的印第安人把战争交给圣包的魔法的控制之下。圣包被称为“去了皮的东西”，因为里面包着的主要是鸟类的皮毛。通过它们人们看到了战斗中的尖兵、敌人的摧毁者，最后——如果圣包里装的是秃鹫的皮毛——是战场上的清扫者。带着这些头衔，鹰“拥有”着丰功伟绩，直至随后这些卓越的行为通过适当的仪式被传到人类斗士身上。在仪式中，鹰被用来作为对勇士们发出的誓言的见证。 269

鹰毛头饰因此具有双重价值：它证实了所有战争行为都隐含着的一种*与超自然的关系*，同时它也显示出必不可少的对自己的*集体赞同*，也就是说它的社会学价值。事实上，给战士授予羽毛头饰的是与之共同战斗的同伴，他们不但为了同伴的利益让出自己拥有的羽毛，而且也让出了以每一根羽毛为证的实实在在的功绩。羽毛因此象征着双重的参照系统——既是社会学意义上的，也是宗教上的——缺乏这个系统，战争行为就不是名正言顺的：不尊重这个系统，远征的宣扬者就要对同伴的死亡负责任：他就不是被作为不得志的武士而是凶手来对待。

在这些一般性的考虑之后，我们可以开始从礼仪和神话角度来分析希达茨人的猎鹰行为。从礼仪的角度看，我们特别注意到土著人讲究把鹰掐死，禁止让血洒落在地上。对于这个特征，我们一方面使之与土著人把鹰和出血相连的一个疾病理论联系起来；另一方面，礼仪也暗示了在鹰和妇女经血之间的关系：与大部分没有文字的社会对这个生理现象所持的态度相反，这些土著人认为经血对狩猎是吉祥的征兆。

要解释这种独特性，我们必须研究有关猎鹰的最原始的神话，并把它们和美洲其他土著群体相似的描述相比较。我们首先要辨认出在希达茨神话中被当作这种狩猎行为的发明者的、那些具有超自然能力的动物，北美的民族学者认为熊、獾都是这样的动物。我们对獾在土著人信仰中的地位进行了匆匆的调查，从中可以看到这种动物具有的有利的地位，它们一般被认为是“陷阱大师”，尤其是建造希达茨猎人捕鹰时用以藏身的地洞的大师。那么，獾就是“地内”猎人，印第安人需要挖洞以藏身的时候也把自己当作獾。

270

但是鹰本身却是与九天云霄相连。那么，鹰和獾的对立是天上的猎物与地上的猎者之间的对立，也就是说是通过狩猎行为联系起来的天上地下之间可以想象的最强烈的对立。这种假想在对希达茨人有关猎鹰的一些神话的参考分析中得到证实。这些神话讲的是希达茨文化中的两个英雄，他们可以化身为弓箭和射雕大师；他们的活动范围在技术上说确实是有趣的地方：这正好是在地面之上，在九天或者是中天之中，正是弓箭逐渐失去弓力的地方。从这个观点来看，猎鹰的宗教性质和围绕着它的礼仪的极端的细节可以被看作是一种对等物，与之相应的是猎鹰在这个地区特有的神话类型中占有极端重要的位置，因为在神话里它在猎人和他的猎物之间建立了**最大的间距**。

猎鹰的这种多少有些“偏心”的位置不仅仅表现在神话的层次上，它同样也隶属于生活与场所的类型。希达茨人分成两部分，一部分做女人的事，在村里种地；另一部分干男人的活，在平原上狩猎野牛。而猎鹰活动本身则出现在“险恶之地”，也可以用英语表达成“无主之地”（no man’s land）。与防范严密的村庄里的平静生活和在大平原上追逐野牛的长途跋涉不同，一小队猎鹰者往往面临着埋伏和偷袭的危险。正是由于这个原因，猎鹰获得了一种极端的特征，它不再属于神话性质，而是属于社会性质：极端危险的特色使它成为与战争有着最直接的接触的狩猎形式。这样，从宗教的角度上，它解释了为什么抓到的鹰会在礼仪上与敌人等同起来；从社会学角度上，它解释了为什么每逢从初秋到大地冰冻之前的猎鹰季节，各个敌对的部落都心照不宣地彼此休战。 *271*

如果说猎鹰之所以具有如此的宗教特征，是因为人们用它们来表现最大的间距的话，那么与它相伴随的仪式的主要目的，则在于对开始的时候处于分离状态的两个极端加以调停。在技术的层面上，诱饵（肉块或草梗填塞的动物）在人和飞鸟之间扮演着中介的角色。而神话和语言本身则表明，诱饵被看作是一种女性的词汇：日常语言中有一个动词表示“紧紧抓住一个女子”，到了猎人们的仪式语言当中，同一个动词则表示老鹰抓住诱饵的姿态。所以，猎鹰的象征纳入了在平原地带的印第安人中广泛流行的范畴系统中，在那里，妇女显得是两个男人之间的中介项次。最引人注目的例子莫过于男性团体内部在传授等级的时候，把妇女作为赠品。

在这些条件下，希达茨人的猎鹰神话与其他民族的关于鹰的神话之间的比较就变得十分有趣。在其他这些有关老鹰的神话中，鹰的角色调换到了女性的位置上。通过对一系列神话的分析，我们找到了一个一成不变的要素：妇女经血表现的污渍。希达茨人用它来神化猎鹰行动，然而在别的地方，它构成了一个系列中的弱项；在普韦布洛人那里，这个系列的强项是由“幽魂—未婚妻”或“女人—死尸”来提供的，她诱惑飞鹰公主的凡人丈夫，而这个丈夫与天结成盟友来和大地作对：这正好以颠倒的方式与希达茨猎人和“地内”的 貛之间的联盟相对称。

然而在这两种情况下，潜在的观念是一样的：经血的污渍像是结合的条件和手段；混合与简单相比较占有次要的地位。所谓的混合是两个极端之间的结合（就像我们前面看到的猎鹰的结果），如果想要得到它的话，就必须接受污渍的可以想象得到的两种形式当中的一种：第一种形式是死亡，或者更准确地说，是男人对永生的放弃；第二种形式则在把动物死尸当作诱饵的以及让月经期间妇女参加最神圣的礼仪的一刻体现出来。唯一的区别是普韦布洛人从**周期性**的角度来看待污渍，而希达茨人则从**腐化**的角度来看待它。或者可以从索绪尔的传统上借用这样的两个格式：在一种情况下污渍属于“连续轴”，在另外一种情况下它属于“共时轴”。

时间表

为了使这个文集用得更加顺手，我过去把它们按照主体组合起来。看得出来，它们在下面是按时间顺序排列的。读者还会注意到，我要么一年讲两门主题不同的课程，要么是一年只开一门课，有的时候是因为要求的教学量的减少，更多的时候是由于选择的课题需要整整一年的时间。

自 1974—1975 学年起，我采用了另外一种、包括一门课和一门讲座的形式。前后总共有过 9 个讲座，但由于多种多样的原因我没有把它们收在这个集子里。它们已经、应该或者可以分开地加以发表；尤其是参与者们所占的比例如此之大，这些讲座与其说是我自己的成果，不如说是他们的成果，是负责组织这些讲座的社会人类学实验室的伯诺瓦斯特先生（J.-M. Benoist）、伊扎尔德先生（Izard）和戈德利埃先生（Godelier）的成果。

274

① 系法文原著页码，即本书边码。——译者注

民族名称索引

（所注页码为法文原书页码，即本书边码）

A

H

I

J

K

Q

R

S

T

V

W

Y

Z

人名索引

（所注页码为法文原书页码，即本书边码）

H

I

J

K

L

译后记

2004 年，夫人杨珊到美国加州开会，顺便看望老同学张祖建。祖建说他在帮中国人民大学出版社找人从法语翻译列维-斯特劳斯文集，鼓励我们入伙，说这么多年在国内国外学习法国语言、法国文化，应该有个交代。我当时有些犹豫，主要是除了全天工作之外，还要照顾一个 6 岁、一个 2 岁的孩子。但是最终经不住劝导，答应了下来，条件是翻译一本字数少的。人大出版社给我们分派了原文只有 280 页的《人类学讲演集》(原名《诺言》，后面还会谈及)。

在后来一年半的时间里，这本薄薄的小书还是对我们构成了相当大的挑战。2005 年的大部分时间，除了周末、假期之外，每天趁着晚上孩子入睡后、早上他们醒来前都要赶着干一点。即使这样，完稿似乎仍然遥遥无期。绝望之际只好请求张祖建。2005 年 8 月祖建完成了《结构人类学》的翻译，慷慨答应帮我们翻译两章，使我们可能在 2005 年 11 月底交稿。交稿之后如释重负，确实不乏成就感。

翻译的分工是这样的：张毅声负责第一部分到第四部分（原书首页到 185 页），张祖建负责第五部分（原书 189 页到 241 页），杨珊负责第六部分（原书 245 页到 272 页）。最后的统稿润色，整理索引、目录，标注原书页码等零碎工作由张毅声完成。

《人类学讲演集》同文集中其他的著作有些不同。它的内容基本上是斯特劳斯在法国高等实验研究院（L'Ecole Pratique des Hautes Etudes）和随后的法兰西学院（Collège de France）任教期间的讲义。正像作者在前言中说的那样，他不像有些同事那样把已经成书的或即将发表的材料抛给学生，而是把课堂当作一个试验室，以新的视角或新的理论框架探讨新近和以往的人类学发现。读者可以在他的讲义中发现原始状态的、尚未定形的种种理论讨论，就像是在曲折的道路上进行摸索。但是作为一位严肃的学者和教师，他觉得要对得起自己的学生，就一定要把这些最初的探讨变成最终的研究成果。这就是为什么法语原书的标题为“诺言”（Paroles Données），意思是他暗地已经向时而堕入五里迷雾的听众们许下了诺言。确实，我们在讲义中看到了《忧郁的热带》、《结构人类学》卷一和卷二、《图腾制度》、《野性的思维》、四卷神话学、《面具之道》、《遥远的目光》等著作的雏形。

在翻译和后来的编辑出版过程中，人大出版社的编辑潘宇、翟江虹提供了相当多的帮助。没有她们的理解和敦促，我几乎不能想象可以完成这项工作。在此向她们表示衷心的感谢。

张毅声

2007 年 1 月 22 日夜

于美国马里兰州德国镇

©Plon，1984
ISBN：2-259-01137-3

图书在版编目（CIP）数据

人类学讲演集/（法）克洛德·列维-斯特劳斯著；张毅声等译．
北京：中国人民大学出版社，2007
（列维-斯特劳斯文集；9）
ISBN 978-7-300-07872-4

Ⅰ．人…
Ⅱ．①列…②张…
Ⅲ．人类学-文集
Ⅳ．Q98-53

中国版本图书馆 CIP 数据核字（2007）第 017637 号

本书的出版经由法国文化部出版中心资助

列维-斯特劳斯文集 ❾

人类学讲演集

［法］克洛德·列维-斯特劳斯 著

张毅声　张祖建　杨珊　译

出版发行	中国人民大学出版社		
社　　址	北京中关村大街 31 号	**邮政编码**	100080
电　　话	010－62511242（总编室）		010－62511770（质管部）
	010－82501766（邮购部）		010－62514148（门市部）
	010－62515195（发行公司）		010－62515275（盗版举报）
网　　址	http://www.crup.com.cn		
经　　销	新华书店		
印　　刷	北京尚唐印刷包装有限公司		
开　　本	890 mm×1240 mm　1/32	**版　　次**	2007 年 3 月第 1 版
印　　张	9.75 插页 5	**印　　次**	2023 年 8 月第 2 次印刷
字　　数	225 000	**定　　价**	99.00 元（精装）

版权所有　侵权必究　印装差错　负责调换